图1 2012年6月，由国家发展改革委推荐，陈光辉董事长赴联合国可持续发展大会（里约+20峰会）进行技术交流。作为中国代表在大会上发言，向世界介绍多维生态农业模式

多维生态农业发展规划图

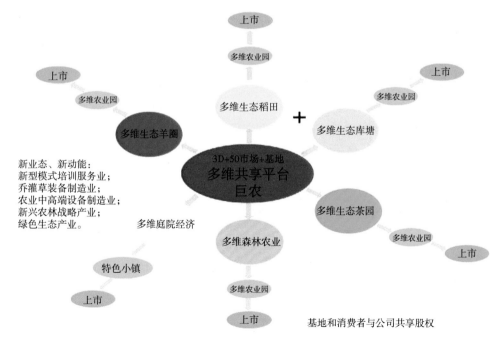

图2 构建农业生产大循环+产融结构营销大循环双控风险体系

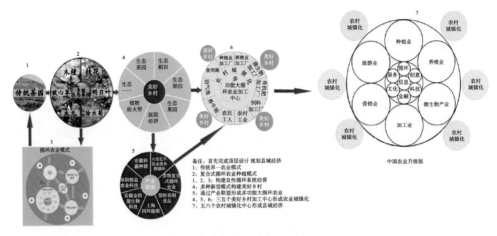

图3 探索解决三农问题的新思路

图4 山区草原县域经济、区域经济发展规划

多维生态农业

人工智能 + 生物功能 = 生物智能化农业。在进行生物多维组合、立体混合种养实验过程中，通过多维思考以及对理论和实践的不断总结、系统融合来实现小生态系统的多物种、多级能量、多功能的自我平衡和吸收转化、变废为宝、化害为利，创新利用生物交叉点、多维生物组合技术、复合式循环农业模式来研究农业生产系统与生态系统共同体的高级平衡。

● 陈光辉　季昆森　朱立志

● 杨素荣　申秋红　姜　艺　　　著

中国农业科学技术出版社

图书在版编目（CIP）数据

多维生态农业 / 陈光辉等著 . —北京：中国农业科学技术
出版社，2018.7

ISBN 978-7-5116-3759-8

Ⅰ.①多… Ⅱ.①陈… Ⅲ.①生态农业 Ⅳ.①S-0

中国版本图书馆 CIP 数据核字（2018）第 138720 号

责任编辑　王更新
责任校对　李向荣

出 版 者　中国农业科学技术出版社
　　　　　北京市中关村南大街12号　　　邮编：100081
电　　话　（010）82106639（编辑室）　（010）82109702（发行部）
　　　　　（010）82109709（读者服务部）
传　　真　（010）82106650
网　　址　http://www.castp.cn
经 销 者　各地新华书店
印 刷 者　北京建宏印刷有限公司
开　　本　710mm×1 000mm　1/16
印　　张　13.5　彩页2面
字　　数　245千字
版　　次　2018年7月第1版　　2021年5月第2次印刷
定　　价　88.00元

序

农，天下大业，国之大纲。解决好"三农"问题一直是全党工作的重中之重。党的"十八大"以来，以习近平同志为核心的党中央致力于推动"三农"工作的理论创新、实践创新和制度创新。党的"十九大"首次提出实施乡村振兴战略，这是中国特色社会主义进入新时代做好"三农"工作的总抓手，体现了党中央对"三农"工作的高度重视，体现了对广大农民的深切关怀，体现了需求导向和问题导向，具有重大的战略意义。

改革开放40年来，我国农业现代化水平不断提高，农业科技含量不断提高，农业机械化、数字化、信息化进程加快，农业综合生产能力大大提高，我国以7%的耕地养活了占世界19%的人口，支撑了我国社会经济持续30多年的高增长。但是，这种增长是有代价的，从一定意义上讲，这只是短期内将粮食安全问题转化为生态安全和食品安全问题。

当前，我国农业在资源环境方面面临着两个问题：一是农业生态环境问题突出。我国人均耕地、人均淡水资源分别仅为世界平均水平的40%、28%，一些地区石漠化、沙漠化、荒漠化问题、耕地退化问题、草原退化问题日趋严重，这些是亟待通过乔灌草的优化来解决的林草问题；但化肥过量使用，化肥利用率仅为40%，化肥流失率高达60%～70%，农药年使用量约130万吨，只有约1/3能被作物利用，有60%～70%残留在土壤中。我国每年45亿吨畜禽粪便，80%以上未经资源化利用。每年8.63亿吨的秸秆，再利用率不足1/3。然而这些农业废弃物都可以通过复合式循环农业转变成肥料和饲料等农业投入品，既可以避免生产成本越来越高，又可以减少农业污染排放。二是农产品质量安全问题突出。在农业生产过程中，我国化肥、农药单位面积施用量分别是世界平均水平的2～3倍，农药、化肥及重金属残留和污染严重，有5 000万亩耕地受到严重污染，土壤酸化、有机质降低，污染越来越严重，严重影响了农产品的质量安全、生态安全和人民生活健康。不合理的生产方式破坏了自然生态系统，亟待用高质量新型农业模式来转化升级。

我国农业面临的上述问题表明，迫切需要寻求一种能够实现人与自然和谐、能够可持续发展的农业新方式。安徽省黄山市多维生物（集团）有限公司陈光辉同志在积累30余年基层工作经验的基础上，不断深入全国各地进行调查研究，积极努力寻求利用生物特性和自然组合规律来探索研究"三农"问题的系统解决方案，对在不同地区发现的100多个农业问题进行思考，将诸多农业问题归纳总结为31个主要问题和7个体制机制创新问题，利用交叉思维方法找到了解决这些问题的两个最大交叉点：一是破解农业生态系统问题的最大交叉点——林草问题，二是破解"三农"问题的最大交叉点——多功能大循环农业。这两个交叉点把复杂的农业问题化繁为简，提纲挈领，纲举目张，围绕两个最大交叉点设计系统解决方案解决中国农业缺水问题、废弃物污染问题和质量安全问题。

通过作者13年来的探索实践，认为围绕农业两个最大交叉点的系统解决方案框架基本形成，探索出来的多维生态农业新思路、新方法、新技术、新模式是这样的：农业是系统工程问题，必须用系统工程方法。我们利用生物交叉点解决农业问题，通过生物交叉点创新多维生物组合技术，通过多维生物组合技术创新型高质量农业新模式，然后按照新型模式运用系统工程方法解决三大农业问题：一是解决农业生产系统问题与生态系统良性循环、可持续发展、高效融合问题（通过人工智能+生物功能=生物智能化农业，创建生产系统与生态系统共同体的高级平衡）；二是解决城乡人民群体对美好生活需求问题（通过高质量农业新模式从源头上着手解决人民群众最基本的生存环境问题、食品安全问题、生活健康问题）；三是新型农业模式系统解决方案的每个环节推广和应用必须与政府体制机制创新相配套，将生物链、产业链、废弃物循环多维对接，形成多功能大循环农业（围绕农村科学技术是第一生产力的新型高质量农业模式，围绕大循环农业全链中各个环节制定财政、金融、保险、人才、资源配置、体制机制创新等一系列方针政策，运用系统解决方案实现农业从质变到量变再到农村巨变的过程）。我们要清楚地认识，发展现代农业不是围绕传统落后农业模式发展田园综合体，不是围绕传统落后的农业模式进行三产融合，不是围绕传统落后的农业模式制定改革新方针、新政策，也不是围绕农村沟渠路道灯标语和种些花草外在美来建设美丽乡村，更不是按照原来的落后农业模式走老路！解决农业、农村、农民三农问题的关键——就是创新型高质量农业种植、养殖新模式，涉及群体最大，面积最广。具体地说：首先要创建适合不同地区发展的多种新型高质量农业模式实验区、示范区，做给农民看，教会农民干，利用多维生物组合技术把传统单一稻田、果园、茶园、库塘等通过增加新物种构成更加高级平衡的人工生产系统，通过新型农业生产系统模式的多种生物组合功能同时解决农药问题、化肥问题、除草剂问题、废弃物污染问题、农民增收难等问题。完成新型模式的具体方案和实施步骤大致有七步：一是设计多种新型农业生产系统构成人工生态系统（创新型农业模式）；二是按照新型种养模式的生物组合功能建立种质资源圃（利用生物多样性）；三是按照新型模式繁育大量物种（形成生物装备制造业）；四是利用繁育的大量物种建立新型原料基地（生态化、规模化）；五是通过多种新型模式原料基地构建田园综合体（形成产业化的美丽乡村）；六是创建与田园综合体相配套的三产融合农业园（同时形成中高端农业装备制造业）；七是按照农业新方法、新技术、新模式、新路子制定与各个环节相配套的政策方针和体制机制创新，完成全链模式的多功能大循环农业系统解决方案，可以预测，中国农村在新模式下将孕育出百万亿元级的农村新动能、新业态。

《多维生态农业》一书是在系统整理和归纳总结许多地方人民群众的发明创造、实践智慧和好的经验、做法的基础上，与安徽省循环经济研究院总结出来的多种专利模式、典型案例以及原创的一些示意图等合编而成，可作为新型农民教育或培训教材和基层干部以及农口工作人员的参考资料。以此书为基础的教学或培训过程，可向学员提供新型农业发展模式的理论基础、实践经验、基地观摩、视频短片等内容，提高新型职业农民的综合素质和生产经营能力，为中国农业向绿色、高效、生态、可持续发展转型服务。

本书作为教材的特点之一在于"新"，因为书中大部分内容由陈光辉等多位作者原创，其中许多内容是经过几十年的亲身实践探索和经历失败后总结出来的"干货"，这些内容来自理论和实践的不断反复提炼和升华，实属不易。

相信《多维生态农业》一书的出版将会为新时代背景下的农业工作者和经营者提供有益的经验和模式。

陈宗懋

2018年6月20日

前　言

在安徽省循环经济研究院季昆森主任，中国科学院植物研究所、中国农业科学院、上海交通大学农学院等单位多位学科专家、教授的指导下，为了改变落后的农业模式和化学农业方法，近13年来笔者全身心、全资本投入农业领域，长期深入山区从事新型农业种植和养殖模式的探索实践，通过对生物功能、循环农业、生产系统、生态系统、生态位、三产融合、田园综合体、综合效益、环境气候、立体空间、土地确权、农民群体、金融、市场、政策法律、体制机制等具体问题的多向思维，多向思维产生多维，再由多维上升到农业系统工程和方法。通过创新《多维生物组合学新课题》的研究，发现利用生物组合功能可以解决31个复杂的农业问题，由此产生多维生态农业，即人工智能+生物功能=生物智能化农业。在进行生物多维组合、立体混合种养实验过程中，通过多维思考以及对理论和实践的不断总结、系统融合来实现小生态系统的多物种、多级能量、多功能的自我平衡和吸收转化、变废为宝、化害为利，创新利用生物交叉点、多维生物组合技术、复合式循环农业模式来研究农业生产系统和生态系统的高级平衡，在满足人类对美好生活的更高需求与自然友好的前提条件下，实现经济效益、生态效益、社会效益三者综合效益较传统单一农业模式更大化的多维生态农业模式，同时创造一种农业新方法、新技术、新模式，把传统的茶园、稻田、库塘、果园等单一农业转型、升级到构建生物良性人工生态系统的生产经营，用多种新型、绿色、高效模式的小生态系统来构建美好乡村田园综合体，通过在南方3～5个乡镇或在20万～30万亩平原打造适度规模的三产融合农业园，将生物链、废弃物、产业链循环到底，通过因地制宜，在全国形成一个个多功能大循环农业园以及与之相配套的新兴农业中高端设备装备制造业，探索农业高质量发展的新路子，并以此组织、制定第一个新型茶园模式——国家生态农业综合标准化体系，该体系以99分的高分通过了国家专家组验收。以此作为突破口，希望国家尽快创建高质量新型农业模式实验区和高质量农业标准化体系。通过13年来对新型茶园模式全链的探索与思考，先后申请并获得了10余项新型农业模式的国家发明专利。2011年12月，这种新型模式被列入我国60个循环经济典型案例；2012年6月，被国家发展改革委推荐到联合国"里约+20"可持续发展大会并做主题发言；2014年3月9日，习近平总书记在安徽团听取陈光辉代表发言时说："复合式循环农业（种养）模式这条路子值得好好总结"。在安徽团最后总结时说："我看这种模式很好（多功能大循环农业），可以逐步推广。"

为了创新与新型模式相配套的政府体制机制，在十二届人民代表大会期间，笔者与其他30多名代表提出了很多关于系统解决"三农"问题的建议。因为这些问题的解决涉及诸多部委，全国人大常委会办公厅先后出了4个文件，要求国家发展改革委、农业部、财政部、国家林业局共同办理；2017年3月10日，笔者又给李克强总理写了一封信——《关于"三农"问题的系统解决方案》，递交了一个光盘——《关于多种新型农业模式影视片》，一本书——《关于农业新方法、新技术、新模式》，服务政府决策，积极建言献策，目的是希望国家早日发动农业绿色变革——国土高质量改造，尽快遏制和修复化学农业生产系统造成的自然生态系统向非良性或恶性循环发展，改善和提高人民群众对空气、水、土壤等最基本的生存环境需要、食品安全需要和健康需要。

多维生态农业这种新型农业发展模式目前已得到进一步推广，取得了一定的成果和影响。2017年11月3日，农业部出台了《2018—2020年农业百万实用型人才培训计划》，笔者申报了2018年"多维新型农业模式实验区"的建设项目；11月25日科技部中国市场技术协会为黄山市多维生物（集团）有限公司授牌——多维生态农业培训中心，同月成为全国青少年儿童食品安全科技创新实验示范基地。此外，多维生物（集团）有限公司还与航天食品签订战略合作协议，成为航天食品示范基地，2014年至今是安徽省黄山学院创建教师应用能力工作站和校企共建学习基地。期冀本书的出版能够为新时期我国农业发展模式的创新提供理论参考和实践借鉴。

本教材涉及农业复杂系统问题，是一个系统解决方案。由于时间仓促，受学科和知识的局限，书中难免不妥之处，敬请批评指正。

陈光辉

2018年5月1日于京郊顺义

目　录

第一章　多维生态农业的基本理论

第一节　多维生态农业的理论基础

一、循环经济理论

（一）循环经济理论的提出

经济系统中的物质单元在系统中某个子系统的同级循环增值或各子系统间的多级循环增值是循环经济的本质要求。通过系统中物质单元的循环增值，经济系统可以用同样的资源量创造更大的价值量。只有经济系统内部所有未附在产品上的物质单元都尽可能地循环增值，才能为经济系统带来更大的价值。这里的价值是"正价值"去掉"负价值"后的"净价值"。所谓"正价值"，就是经济活动过程及产品对生态环境和经济社会产生的正面效用对应的价值增量；所谓"负价值"，就是经济活动过程及产品对生态环境和经济社会产生的负面效用对应的价值损失。经济活动过程及产品对生态环境和经济社会方面的正反效用对应的正负价值有时候不直接体现在当前，而是在未来的一段时间里逐渐显现。衡量某个经济系统的好坏，既要衡量当前的"正价值"，又要衡量当前的"负价值"，还要衡量未来的正负价值，现值应该是当前的净价值加上未来一段时间的净价值。

经济系统内的物质单元如果附在效用产品上（成为劳动成果的有效成分）走出经济系统，就会形成"正价值"；如果附在非效用产品上（成为废弃物的组成部分）走出经济系统，就会形成"负价值"。物质单元只有在经济系统内充分循环，多次经过生产过程，才能更多地附在效用产品上，而不是附在废弃物上走出经济系统，经济系统才会在同样资源投入的前提下形成更大的"正价值"，同时"负价值"也必然更小。然而，只是从产品角度衡量价值还不全面，我们必须进一步考虑经济活动过程对生态环境和经济社会等方面产生的净价值。例如，在经济活动过程中产生的环境正效益，如秸秆循环利用修复产地环境、增加土壤有机碳等对应的正价值，产生的环境负效益，如产地环境污染、地下水超采等对应的负价值，所有这些经济活动过程的最终结果必须综合考虑。

如何才能使未附在效用产品上的物质单元在经济系统内多次地经过生产过程实现充分循环增值呢？只有用价值链条拉动物质单元才能形成畅通的循环通道，因为经济系统内的各子系统，如各部门以及不同环节是不同的理性单位，他们需要通过价值链进行交易，也就是说，他们计较的是价值，价值流是物质流和能量流的实际拉动力。循环经济运行的必要条件，即经济系统内价值流、物质流和能量流协调循环的前提条件，是系统内物质和能量再利用和资源化的费用低于系统外对应资源输入的增加费用。可以通过提高技术水平降低系统内物质和能量再利用和资源化的费用，也可以通过政策补贴内化循环经济的正外部性（对生态环境和社会经济的正面影响）以抵消系统内物质和能量再利用和资源化的部分费用。

（二）循环经济增值原理的基本观点

循环经济增值机理主要包括3个方面，即循环增值的法则、减少价值流失的目的和畅通循环的机制，现展开剖析如下。

1. 循环经济的关键法则是系统内的物质单元多次经过生产过程以产生循环增值

常规经济与循环经济的对比可用图予以简单直观描述，如图1-1所示。图中的弱循环链和强循环链反映系统中的物质单元是否多次经过生产过程的状况。为简单示意起见，这里的生产过程被描述为单一的闭路循环，但实际上多是链、环、网式复合多级生产过程。

农业废弃物多为有机剩余物，对其收集并加以处理可以增加农业生产资料，如种植业的有机肥、畜牧业的饲料、菌菇业的基料等，这是农业循环经济的重要内容。实际上，农业中的复合产业体系，如一二三产业融合是实施循环经济的广阔天地，作物种植、畜禽养殖、水产养殖、菌菇生产、产品加工以及休闲餐饮等，完全可以利用循环经济链条连成一体，把以生产农产品为目的的动脉产业和以处理废弃物为主的静脉产业穿插结合，谋求资源的高效利用和废弃物的"低排放"，甚至"零排放"，充分体现循环经济的本质要求，以实现农业产出价值高增长、农业资源消耗零增长、农业污染排放负增长的发展格局。

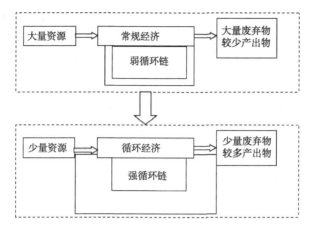

图1-1　常规经济与循环经济的对比

从实质上来讲，废弃物是资源经过生产过程后输出的产物之一，对应的是一定量的资源消耗。例如，我国每年生产6亿多吨粮食，同时也生产了约8亿吨秸秆，其中有3亿吨秸秆白白腐烂和焚烧，这就等于白白浪费和消耗了生产3亿吨秸秆的耕地、淡水和其他农业投入品等资源。如果这3亿吨秸秆通过农业系统内部的循环重新经过生产过程加以利用，那么对应的物质单元循环利用率就等于3/（6+8），即21.4%。

一般来说，如果物质单元经过每一级生产后还能为下一级所利用的利用率为r（为简化起见，假设每级利用率不变），1个物质单元的原始资源经过n级循环利用后相当于资源量y，那么y的计算公式如下：

$$y = 1+r+r^2+r^3+\cdots r^n = （1-r^n）/（1-r）$$

由于r小于1，当n很大时，可以用1/（1-r）表示y的值。

因此，如果我国目前尚未得到利用的3亿吨秸秆能被多级充分循环利用，1个单元农业资源就转变成了1/（1-21%）=1.27单元，相当于增加了27%的耕地、淡水和其他农业投入品等资源。如果在生产结构保持不变的情况下，就等于增加了27%的产出效益。当然，实际情况一般是在21%～27%。例如，简单的秸秆还田只能带来21%左右的资源增加效果，如果秸秆用来做畜禽养殖业的饲料，其带来的资源增加效果就一定会大于21%，甚至接近27%。正是由于这个原因，目前一些地方用于做饲料的秸秆价格已经上升到了每吨300～500元。另外，畜禽粪便肥料化后还会带来资源、环境和生态方面的正面效益。

2015年吉林省秸秆膨化饲料资料显示，秸秆的循环增值主要体现在替代常规饲料、降低成本、增加利润空间方面。用秸秆膨化饲料，1头育肥牛每天可降低成本9元，其中节省粮食1.75kg以上。1头牛180d育肥期，降低饲料成本1 620元，可节省粮食315kg。吉林省畜牧管理局在四平市、松源市、农安县做了秸秆膨化饲料养猪实验，1头猪120d降低饲料成本150元，可节省粮食72kg。

可以看出，系统内物质单元的循环利用可以带来循环增值效应。物质单元的循环利用率越高，其循环增值就越大。单个循环增加输出的效果未必十分明显，但一个系统中多个子系统的多级循环带来的整体效应就十分突出了。例如，通过"种植—（秸秆+食用菌+养殖）—（菌渣+粪便）—（沼气+有机肥）—种植"的复合循环，秸秆中的物资单元通过多个环节最后又回到土壤，形成作物养分，这样的循环增值就会更加显著。因此，循环经济作为一个复合资源利用系统，它所产生的多重循环增值是不可估量的。而且，不单是价值得以循环增值，用于生产化肥等农业生产资料的原始资源的开采也会大量减少；同时，伴随着废弃物的资源化利用，生态环境的破坏就越小，系统资源的永续利用性就越大，必将有力地推动可持续发展。

如果从不同层面考察，循环经济可分为企业层面小循环、园区层面中循环，以及社会层面大循环。企业层面小循环对应的是最小经济系统内的物质单元的循环利用和价值增值；园区层面中循环实际上是不同企业层面的超循环构架和价值互增，这种构架是一种企业间的动态联合，随着时间的推进而有所变化。社会层面大循环对应的是广义循环经济，是生产者、消费者以及还原者通过一、二、三产业交叉循环链形成的复合增值大系统，以维持社会与生态大耦合的良性循环，并进一步推动社会经济系统整体的可持续发展。

2. 循环经济的主要目的是物质单元较少地附在废弃物上走出系统以减少价值流失

任何一个经济系统，在产生效用产品的同时，总是要产生非效用的物质。如果这些非效用的物质走出经济系，就会形成废弃物，带来污染的同时又增加了价值流失。相反，如果这些非效用的物质在系统内被资源化利用，其中的物资单元就可以较少地附在最终的废弃物上，而是附在产品上走出经济系统，就可以减少价值流失。循环经济最终的希望是物质单元较少地附在废弃物上走出经济系统以降低污染排放，这样就可以更多地附在产品上走出经济系统以带来更大的产出量。即使某些物质单元短期内还不能附在产品上，但只要不走出经济系统，仍然在系统内某些环节循环，就会不断地附在产品上而不是废弃物上，价值流失就会不断减少。

种植业的秸秆原本是有机剩余物，但如果作为基料被食用菌产业所利用，不仅会增加食用菌产出，而且食用菌废弃基料（菌渣）又可以作为有机肥返还田里以增加农作物产品的产出；如果秸秆作为饲料被养殖业所利用，则可以增加养殖业的产出。这样，秸秆中的物质单元就不再是农业系统所排放的废弃物中的组成部分，而被转化为农产品中的有效成分。国家发展改革委、农业部、财政部《关于印发"十二五"农作物秸秆综合利用实施方案的通知》指出，4吨秸秆的饲料营养价值相当于1吨粮食，如果假设用加工成的秸秆饲料替代饲料粮2 500万吨，需消耗1亿吨秸秆，就等于减少了1亿吨秸秆的污染；同时，1亿吨秸秆饲料喂养的牲畜所产生的粪便也得到肥料化利用，可产生有机肥0.4亿m^3，不仅减少了相应的牲畜粪便污染排放，还改善了土壤并保护了生态环境。

一般来说，物质单元在一个层次内循环，不像在多个层次间多级循环那样能较多地附在效用产品上。例如，秸秆直接还田不如通过畜禽养殖业过腹还田的效果好。一个经济系统内的生产结构（子系统构成）越丰富，越能让物质单元更充分地循环，从而更多地附在效用产品上走出经济系统以增加产出量，而不是形成大量的废弃物排放出经济系统产生负价值。同时，每级循环的转化水平也是影响物质单元能否更多地附在产品上的关键因素，如果这一级循环的转化水平较高，物质单元通过这一级就能较多地附在产品上。技术水平在各级循环的转化水平上起决定作用，也必然是物质单元较少成为废弃物走出系统以降低污染排放的重要前提。

3. 循环经济的有效机制是用价值链条拉动系统内的物质单元以实现畅通循环

只有让经济系统内的物质单元在经济系统内多次地经过生产过程，才能不断地循环增值，才能在为经济系统创造更高的价值、带来更多产品的同时，显著降低污染物排放减少负价值量。但是，让物质单元在经济系统内畅通循环并不是一件简单的事，这就是为什么不少地方还存在秸秆焚烧现象，不少规模化养殖场的畜禽粪污还在随意污染环境的重要原因之一。

实践证明，要让物质单元在各个生产层次和各个生产环节畅通流动，必须建立合理的经济保障机制。我们知道，经济系统内的各子系统是不同的理性人，如种植业和养殖业。秸秆和粪肥中的物质单元要在它们之间畅通循环，必须有来源于利益刺激的动力拉动，而这种利益刺激的背后是价值的分配。换句话说，他们关注的主要是价值回报。循环经济要稳定运行，一方面，依赖于各子系统通过市场机制相互联系，主要通过契约管理和规范来完善价值链条，实现利益的合理分配；另一方面，政府对循环经济产生的生态环境正外部性应实施资金补贴，这有利于经济系统实现价值平衡，这是加固循环经济价值链条的重要手段。

以沼气项目为例，要让其维持运转，首先必须弄清楚单位沼气的价值平衡点。这就要求在工程建设成本、运行成本以及资金机会成本的基础上，计算单位供气生产成本。据2014年中国农业科学院成都沼气所资料，以成都市居民燃气售价为1.89元/m³为例，天然气甲烷含量为95%，沼气甲烷含量为50%～70%，按比例折算沼气价格为1.2元/m³。从单位供气投资、单位运营成本、单位供气成本来看，最经济的规模是供气800户。以800户的沼气项目来说，1m³沼气的价值平衡点是2.83元，比实际价格高1.63元。因此，要使沼气项目维持运营，必须有1.63元/m³的价值量注入，这可以由国家补贴，也可以通过沼渣、沼液作为种植业肥料产生的收益来弥补。当然，如果考虑沼气项目生态环境的正效应，国家补贴对应的价值量还应高于现行市场体系中的价格差额。

保障循环经济的发展需要建立一定的经济机制，其本质就是用价值链条拉动物质单元以在经济系统内构建畅通的循环通道，这也是循环经济得以有效运行的根本保障。例如，种植业的秸秆通过养殖业饲料化过腹形成粪便，再肥料化还田回到种植业，种植户（部门）和养殖户（部门）之间需要在秸秆的价值链条上合理交易，这样才能保证循环经济模式的高效运行，在一些地方还有秸秆收集中介、秸秆专业合作组织等。当然，在很多情况下政府的资金补贴也是必要的驱动力。也就是说，秸秆中的物质单元只有在完善的价值链条拉动下才能在种植业与养殖业之间畅通无阻地循环。

（三）循环农业价值分析理论模型的初步构想

根据循环农业的运行特征及循环经济增值机理，初步构思了循环农业价值分析的理论模型。该模型由总体价值分析模块、边际价值分析模块、价值分布分析模块和布局优化分析模块组成。

循环农业价值分析理论模型：

$$V = \sum a_i A_i + \sum b_i B_i + \sum c_i C_i$$
$$Y = AV^{\alpha} X_1^{\beta} X_2^{\lambda} X_3^{\gamma}$$

$$S = 1 + \left(\sum V \cdot Y - 2 \sum V \sum Y \right) / \left(\sum V \sum Y \right)$$

$$R_j = y_j / \sum y_j - V_j / \sum V_j$$

V为物质循环利用价值量，a_i为各类种植的物质循环利用价值系数，A_i为各类种植面积，b_i为各类畜禽养殖的物质循环利用价值系数，B_i为各类畜禽养殖标准头数，c_i为各类水产养殖的物质循环利用价值系数，C_i为各类水产面积；Y表示产品价值产出，x_1表示耕地面积，x_2表示劳动力，x_3表示物质投入，α、β、λ、γ为投入产出弹性；S为物质循环利用价值分布洛伦茨系数，Y产品价值产出；R_j为研究区域内j地区的物质循环利用结构偏差。

模型运算的直接输出结果为：总体和各产业的物质循环利用价值量、物质循环利用产出弹性、物质循环利用价值分布洛伦茨系数和内部不同地区物质循环利用分布结构偏差。物质循环利用价值量不仅本身能反映物质循环利用情况，还是进一步分析和评价循环经济的重要依据和数据来源；物质循环利用产出弹性能反映循环经济的物质再利用和资源化的边际效用；物质循环利用价值分布洛伦茨系数能反映循环农业布局的合理性，同时判断是否需要进行物质循环利用分布结构偏差分析；内部不同地区物质循环利用分布结构偏差能反映各地区提高物质循环利用率的潜力，并给出优化调整循环农业布局的方向。

二、农业可持续发展理论

（一）农业可持续发展理论的提出

世界各国很早就开始研究农业可持续发展的课题。世界银行与自然资源保护协会于1981年首次提出持续农业的概念，认为"持续农业是继承传统农业遗产和发扬现代农业优点的基础上，以持续的发展观来解决生存与发展所面临的资源与环境问题最有效的手段，从而协调人口、生产与资源、环境之间的关系。"最早将持续农业的理念运用于实践的是美国。早在1985年，美国就制定了《可持续农业教育法》，之后又制定了《可持续农业法案》。1991年，联合国粮农组织（FAO）召开国际农业与环境会议，通过了具有历史意义的文件《丹波宣言》，其主题是农业和农村的可持续性发展问题，呼吁各国"必须密切关注环境问题，必须重新研究农业与环境的关系"。1992年，"环境与发展"会议上联合国发言代表向各国首脑郑重提出"可持续农业"的概念，并引起各国领导人的广泛关注。

（二）农业可持续发展理论的内容

1. 经济可持续性

经济可持续性要求经济方面农业发展能够自我发展和维持。在市场经济条件下，农业既要提高生产效率又要降低成本，同时还要保证其生产的产品具有一定的竞争力。经济可持续性是针对农业生产和销售体系能否长期持续并稳定满足社会系统各方面对其提出的要求进行全面衡量。

2. 生态可持续性

生态可持续性是针对农业生产所依靠的自然生态系统能否持续为农业生产提供物质和环境基础进行的全面考量。对农业生态环境的良好保护，以及对农业资源可再生性和自我修复能力的维护是保障农业可持续发展的基本前提。按照可持续发展理念，生态可持续性要求人类在自然生态环境中利用农业资源的过程一定要保证不超出生态系统的承受范围，这样才能保障农业生态系统的持续供能，才能为人类后代保持完善的农业生态系统，从而促进代际公平的实现。

3. 社会可持续性

社会可持续性要求满足人们食、衣、住等基本生活需求，要使农村社会环境得到持续改善，缩小城乡差距。农村社会环境改善主要包括人口素质提高、社会公平度提升、资源利用逐渐优化、农村剩余劳动力就业机会不断增加和提高农民收入等。它直接着眼于社会系统，度量的是当今社会系统的质量及其动态变化，可以归纳为需求满足与代内公平两个方面。

（三）农业可持续发展的目标

联合国粮农组织（FAO）明确了农业可持续发展的定义，具体表述为："采取某种方式，对技术革新和机构改革的方向进行调整，采取保护和管理措施维护自然资源基础，以确保子孙后代对于农产品需求的获得和持续满足。这种农业的可持续发展能够对动植物遗传资源、土地资源和水资源等进行保护，是一种满足经济、技术要求的，能被大家所普遍接受的农业生产形式。"FAO专门提出了农业可持续发展的实现目标。

1. 农村脱贫致富和综合发展

要努力转变农村当前的贫穷落后状态，通过增加农村劳动力就业来提高其收入水平，真正实现农村的脱贫致富和综合发展。

2．粮食持续增产及安全

以自力更生为基本原则，努力实现自给自足，不断增加粮食产量，确保粮食供应的稳定与安全，结合具体情况进行适当地粮食调剂与粮食储备，尤其要保证贫困者获得粮食的权利。

3．环境良性循环和资源保护

营造良好的生态环境，积极保护并合理利用自然资源，使资源与环境协调可持续发展，为后代的生存和发展创造良好的条件。

（四）农业可持续发展的特征

与现代常规农业相比，可持续农业具有全新的指导思想和发展目标，具体实践模式也不同于现代常规农业，主要特征如下。

1．社会可持续性

社会可持续性主要涉及社会经济资源和农村自然资源的利用上体现公平原则，努力消灭贫困，农村社会财富公平分配等；信息化和社会化服务水平不断提高，确保农村科技事业和医疗卫生方面得到持续的发展；农村居民的生活水平和生活质量得到不断提高，不断缩小城乡差别。

2．经济可持续性

实现农业可持续发展，必须以经济可持续作为主要条件。一方面，使农业生产能够获得盈利。技术选择不片面追求高新技术，以适用为原则；以获得较高产出率为原则进行资源的投入；实现农业的自我维持、自我积累、自我发展。另一方面，在较长时间内使农业产出维持较高水平。实现稳定增产和持续高产，这对农业比较落后的国家具有特别重要的意义。

3．人口可持续性

不断提高农业人口素质，并以适当速度将农村剩余劳动力从农业中转移出去。从数量上，农业人口既不能太多也不能太少。过多的农业人口会导致资源环境压力，不利于农业可持续发展；而过少的农业人口会导致农业劳动力缺乏，难以维持正常的农业生产。只有高素质人口会形成生产力，而人口素质过低，只能作为消费者。

4．资源可持续性

为了确保农业可持续发展，必须实现资源可持续性。农业生产所必须的自然资源能够实现可持续地利用，并采取多种措施对自然资源进行保护，涉及可持续地利用水资源、维护生物的多样性、稳定和增加耕地总面巧、稳定及提高土壤肥力等。

5．环境可持续性

作为农业可持续发展的另一重要物质基础，环境可持续性主要是指良好地维持及改善影响和制约农业生产的生态环境，包括生产安全无毒的农产品、卫生健康的农民工作条件及环境，以及水资源、大气等农业生产环境的良好保持。农业发展需要有废弃物消纳的途径和载体，而环境恰恰为此提供了物理空间。

专栏：我国农业可持续发展

促进农业可持续发展，是贯彻党的"十八大"和十八届三中全会关于生态文明建设的重大举措，是加快转变农业发展方式、增强农业发展后劲、确保粮食安全的迫切需要。我国农产品供需形势严峻、耕地和水资源紧缺、环境污染和生态退化、自然灾害多发重发等问题日益突出，农业发展面临的挑战和风险不断加大，大力推进农业可持续发展十分必要。

一、有中国特色的农业可持续发展的内涵

我国的基本国情是人多地少水缺、生态类型多样、粮食安全压力大，我们必须科学选择有中国特色的农业可持续发展道路。一是在发展路径上，在加强农业环境治理的同时，通过深化结构调整、加强基础设施建设、推进农业科技创新，着力提高农业资源利用效率。二是在发展目标上，着力实现国内生产、国际贸易及农业"走出去"的供给能力与资源休养生息的动态平衡，坚持"把饭碗牢牢端在自己的手中"。三是在发展步骤上，科学规划，有序推进，试点先行，突出重点，先易后难，优先在生态环境问题严重、防控治理技术成熟的地区开展试点，然后逐步示范推广。

有中国特色的农业可持续发展道路要突出资源高效利用、环境有效治理和生态安全保护，旨在调整我国农业的发展思路和目标，使之从"保供增收"拓展到生产、生活、生态"三生共赢"。要以转变农业发展方式为主攻方向，以保障粮食等主要农产品有效供给和促进农民增收为前提，以体制机制改革、科技创新和

技术推广为动力，以资源环境可持续利用为原则，借鉴历史和国际经验，有效应对面临的严峻挑战，突破地少水缺的资源环境约束，充分利用已有的工作基础与条件，谋划重大举措，切实推进现代农业与可持续性农业同步发展。

有中国特色的农业可持续发展道路要顺应时代要求，坚持家庭经营与多种经营形式的共同发展，坚持传统精耕细作与现代技术装备的相辅相成，坚持高产高效与资源生态永续利用的协调兼顾，坚持政府支持保护与市场决定资源配置的功能互补，加快构建新型农业经营体系，深入推进农业发展方式转变。

二、我国农业可持续发展面临的挑战

20世纪八九十年代，我国在可持续发展方面开展了理论探索，积累了宝贵经验，确立了实施可持续发展的国家战略，提出了建设资源节约型和环境友好型社会的方针。多年以来，我国农业可持续发展已经从理论研究、局部试验，发展到今天的全面规划、深入实施。

我国在农业可持续发展方面的成绩是显著的，然而挑战也是严峻的。长期以来，我国的农业发展理念没有从深层次上对接可持续发展，在体制机制上没有实现科学转变，在政策上体现得也不够充分，更没有科学完整的措施体系保障，加上内外部因素叠加，新旧矛盾交织，我国农业可持续发展面临的形势不容乐观。

（一）农产品需求刚性增长与资源保障硬性约束之间的矛盾尖锐

近年来，我国人口总量每年增加700多万、城市人口每年增加1 000多万，由于人口数量增加和人口结构变化，加上农产品用途的拓展，全国每年粮食供需缺口不断加大。另外，资源对农业发展的约束持续加剧。我国是一个人多地少水缺的国家，人均耕地、淡水分别仅为世界平均水平的40%和25%。从耕地资源来看，随着工业化城镇化推进，每年还要减少耕地600万～700万亩（15亩=1hm²。下同）。据有关部门的测算，城市化率每提高1个百分点，耕地减少600万亩，加上违规违法用地现象屡禁不止，守住18亿亩耕地红线任务十分艰巨。同时，耕地长期超强度开发利用，导致土壤退化问题越来越严重。从水资源来看，水资源配置工程建设滞后与水、粮配置严重失调并存；工程老化失修严重，农田水利基础设施仍然薄弱；缺乏长效政策措施保障，农田水利管理体制机制不完善；水资源过度开发，水环境污染难以控制。我国50%以上的耕地属于水资源紧缺的干旱、半干旱地区。同时，每立方灌溉水只能生产1kg粮食，每亩每毫米降水只能生产

0.5kg粮食，这仅是发达国家的一半。低效的水资源利用助推了资源性缺水，加上水体污染造成的污染性缺水，使得农业用水的缺口进一步加大。

（二）工农业综合污染导致农产品产地环境问题突出

一是工业"三废"和城市生活污染大面积扩散，镉、汞、砷等重金属不断向水土渗透。我国每年因重金属污染而减产粮食1 000多万吨。此外，重金属污染还导致农产品有毒成分超标，威胁人体健康。二是由于不重视农业有机剩余物的循环增值利用，导致化肥农药大量投入。我国化肥单季利用率仅为30%左右，低于发达国家20%以上，每亩耕地化肥施用量是美国的3倍，多余的N、P已成为部分地区环境的主要污染物。农药利用率仅为33%左右，低于发展国家20%~30%，农产品农药残留超标事件时有发生。全国约有1.4亿亩耕地受农药污染，土壤微生物群落因此受到不利影响。此外，畜禽粪便过度排放、秸秆不合理处置、农膜残留等造成的污染也日趋严重，农产品产地环境堪忧。

（三）生态系统遭破坏和功能持续下降长期限制农业发展后劲的提升

我国部分区域重要生态功能不断退化，生物多样性面临严重威胁，生态保护监管能力薄弱，生态示范建设水平有待提升。我国森林覆盖率不到世界平均水平的2/3，居全球第136位；自然湿地仅占国土面积的3.77%，远远低于8%~9%的世界平均；由于长期超载过牧，草地质量不断下降、退化、沙化、碱化面积每年以200万公顷的速度增加，90%的天然草原出现不同程度的沙化退化；全国有沙化土地173万km^2，石漠化土地12万km^2，6亿多人受到威胁，5 000多种野生动植物受到威胁或处于濒危状态。因围垦开发等致使大量天然沼泽和湖泊消失，近10年我国湿地面积减少了2.9%，湖泊水面面积由7.1万km^2减少到5.2万km^2。地表水资源过度开发导致河流入海水量减少、河口淤积萎缩；地下水开采量显著增加导致超采区面积已达23万km^2，严重影响了当地的生态用水，以致地表植被枯萎。全国水土流失面积达356万km^2，占国土总面积的37.1%，每年流失土壤45亿多吨，损毁耕地90多万亩。渔业水域由于过度捕捞和水体污染，生态恶化问题也越发严重。我国生态脆弱地区总面积已达国土面积的60%以上。

（四）国内外市场风险不断增大使得统筹利用两种资源面临更大阻碍

2013年我国谷物净进口271.6亿斤，大豆净进口超过1 267.5亿斤，而十几年前我们还是出口大国。我国农产品贸易依存度已经由2001年的14%上升2012年的21%，我们已经利用了国际上相当于7亿亩播种面积的土地。由于世界各国对土地利用均有严格的限制，在国外从事农业的企业面临各种各样的困难。在国内粮食生产确保谷物基本自给、口粮绝对安全的前提下，为减轻国内资源环境压力、弥补部分农产品供求缺口，既要适当增加进口、加快农业"走出去"步伐，又要合理配置资源、防止给农民就业增收和种粮积极性带来冲击。在新的形势下，构建积极稳妥地利用国际农产品市场和国外农业资源的长期战略、健全农产品市场调控制度的任务十分繁重。

（五）农业经营能力滞后与效益不高对农业稳定发展产生明显制约

从经营能力来看，一是经营主体乏力，农村劳动力转移2亿多人，还留下2亿多，虽然总量仍有富余，但农业劳动力素质明显下降，许多地方留乡务农的大都是妇女和五六十岁的老人，而新生代农民工不愿务农、不会种地。二是生产能力低下，目前我国稻谷单产是美国的81%，小麦单产是新西兰的60%，玉米单产是以色列的23%。从经营效益来看，一是农业比较效益不高，这是影响农民生产积极性的主要原因。据抽样调查，2012年夏收小麦、早稻和夏收油菜籽每亩纯收益分别只有152元、321元和55元，加上经营规模不大，土地流转缓慢，近期内农业比较效益仍将大幅度低于非农产业。二是农业日益显现"高成本"特征，过去忽略不计的人工成本因青壮年劳动力大量外出务工也快速提高。同时，农产品跨区域流通量增大、运距拉长，物流成本普遍增加。

综上所述，我国农业已进入资源约束趋强、环境压力趋大、生态安全趋弱、国外资源利用风险上升和国内经营驱动不力的特殊时期，挑战十分严峻。同时，全面建成小康社会、城乡一体化和农业现代化对农业可持续发展提出了新的要求，全球气候变化给农业带来了不利影响，我们必须坚持走有中国特色的农业可持续发展道路，统筹规划、协调推进。

三、我国农业可持续发展的战略思路

（一）发展方向

我国农业可持续发展的努力方向是，用10年左右的时间，在守住耕地红线、基本农田和农田灌溉用水量不减的前提下，使农业资源利用效率、环境治理和农业生态保护与建设取得突破性进展，粮食等主要农产品供给得到稳定保障，农业结构和布局科学合理，农产品质量安全和科技支撑体系完善，生产经营方式和产业体系优化，全面实现资源节约型和环境友好型农业，形成生产发展、产品安

全、农民富裕、生态文明的农业发展新格局。

1. 农业资源利用方面

优化水土资源开发方略、控制水土资源开发强度、提高水土资源利用效率、形成与资源环境承载能力相适应的农业生产布局与农作物种植结构，土地生产率和劳动生产率显著提高，土壤有机质丰富，全面实现资源节约型农业。

2. 农业环境治理方面

有效治理重金属污染耕地，主要污染物入河湖总量控制在水功能区纳污能力的范围之内；规模化畜禽养殖场（小区）基本全部配套建设废弃物处理设施，全面实现养殖废弃物综合利用率和畜禽养殖无害化处理，农业面源污染得到有效控制，全面实现环境友好型农业。

3. 农业生态保护和建设方面

划定森林、湿地、草原植被、荒漠植被生态保护红线，在维护自然生态系统基本格局的基础上，通过开展生态系统保护、修复和治理，确保生态系统结构更加合理；石漠化治理基本完成，水土流失治理能力、防灾减灾能力、应对气候变化能力、生态服务功能和生态承载力明显提升，外来生物入侵得到控制，生物多样性基本恢复，支撑农业可持续发展的国土生态安全体系框架基本形成。

4. 农业科技支撑方面

农业结构更加合理，物质装备水平明显提高，科技支撑能力显著增强，生产经营方式不断优化，农业产业体系更趋完善，粮食综合生产能力和农民人均纯收入持续提高，形成技术装备先进、组织方式优化、产业体系完善、供给保障有力、综合效益明显的新格局。

（二）重要原则

1. 要同时兼顾资源的数量和质量

现有发展模式主要是依靠资源的数量，而对资源的质量考虑得不够。例如，只考虑耕地的数量，很少考虑土壤的有机质含量、理化性能、污染状况。近年来，东北耕地的黑土层变薄就是典型的案例。再如，农业用水方面只考虑水量的配置，对水质的污染却欠考虑，一些地方存在严重的污灌现象，这是造成土壤污染的主要原因之一。

2. 要充分考虑生态环境的承载力

现有发展模式主要关注经济增长目标，虽然也考虑生态环境，但只是泛泛而谈，无法对随后的实施方案形成实质性影响。例如，华北地区由于片面追求粮食增产，消耗了大量的地下水，地下水漏斗十分严重，地面绿色植被的生态用水缺口很大，如果再继续下去，很有可能产生不可挽回的生态灾难，最终也将威胁到粮食生产。

3. 既要谋划地上生产量，还要关注地下生产力

现有发展模式侧重于地上生产量，对地下生产力的变化关注不够。其实，要解决农业可持续发展问题，虽然涉及很多方面，但不能不关注地力问题。地力问题解决好了，农业即使增长的幅度小也不可怕，因为"藏力于地，心有底气"。也就是说，提升了深藏土壤中的地下生产力，我们就可以不断地从土地中拿农产品了。早在3个多世纪前，英国经济学家威廉·配第（William.Petty）就曾经说过："土地是财富之母，劳动是财富之父。"这句话对人均土地面积很少的中国人来说，应时刻牢记心中。很难想象，在土地掠夺性经营的道路上，我们的农业还能走多远。

4. 要重视系统内的物质循环，不偏重投入

我国每年施用大量化肥、农药，导致了农业污染逐年加剧。更可怕的是，靠化肥提升的农业综合生产能力榨干了土地的有机质，靠农药保证的农业生产给土地注入了越来越多的毒素，传统农业中作为肥料资源的畜禽粪便在常规农业中成为主要的农业污染源。因此，可持续发展一定要重视系统内的物质能量循环。农业系统内的物质循环系统就好比人的血液循环系统，如果这个系统出现了阻塞，人就不会健康。同样，农业的生态循环没有搞好，农业也不能健康可持续发展。所以，要关注秸秆、畜禽粪便等农业有机剩余物的循环利用，使系统内的物质单元更多地附在产品中走出农业系统，而不是附在废弃的污染物上排出。

5. 要分区"休养生息"，追求总体发展效果

诺贝尔经济学奖得主阿马蒂亚·森（Amartya Sen）认为，增长与发展是有区别的。在不合适的地方、不合适的时间出现的增长会破坏可持续发展，农业亦是如此。虽然我国不能像西方国家那样实施耕地休耕制，但可以在局部耕地上实施"相对休耕"，即这些耕地可以不增产，甚至允许一定量的减产，只要不危及国家总体发展计划。就像人一样，长时间的快跑会使体力过度衰竭，放慢速度有利于体力恢复。"相对休耕"不是永久的，当这些地区的耕地生产能力恢复到一定程度，必然又会为农业增长做出大的贡献，甚至可以部分取代主产区，让主产区

腾出时间进行局部轮换地"相对休耕"。我们提倡在占国土面积40%以上的草地上轮牧，让草场休养生息，难道就不能让占国土面积10%左右的稀缺而又宝贵的耕地"喘口气"吗？

6. 要同时利用好国内、国外两个资源

通过国际贸易进口农产品就等于进口了土地、水和劳力资源，至于潜力有多大需要科学论证。要重新认识"负责任的大国"，试想一下，如果我国的农业不能长期可持续增长，就不能说是"负责任的大国"，毕竟我国人口和面积占世界的比重很大，对中国负责任，是"负责任的大国"首先应该考虑的。用好国际资源，还有一个方面就是去别人的土地上进行农业开发，至于潜力如何应该在今后的发展中正确把握。

7. 应开辟"立体粮食"资源，不片面追求"耕地粮食"

未来我国粮食发展应该走"耕地粮食"为主、"山水粮食"为辅的"立体粮食"战略，改变单一的"耕地粮食"格局，在提高我国粮食安全性的同时，又可以减轻宝贵的耕地资源所承受的压力。我国水域辽阔、山地广袤，但在粮食范畴内，水生植物淀粉一直被忽视，山林植物淀粉的生产潜力也没有充分发挥出来。在三年自然灾害期间，水边和山里的农民基本上靠这些非耕地粮食渡过了难关，但在正常年景人们就立即忘掉了这些珍贵的粮食资源，尽管这类粮食对人们的健康更有利。山、水、田、林，到处都是粮食的源泉，发展"立体粮食"战略将大有可为。

（三）主要任务

1. 农业资源利用方面

大规模建设"田地平整肥沃、水利设施配套、田间道路通畅、林网建设适宜、科技先进适用、优质高产高效"的旱涝保收高标准农田；针对测土配方施肥和土壤肥力提高，加强技术集成创新，突破秸秆还田、种植绿肥、施用有机肥等方面的技术瓶颈，推进土壤质量提升技术集成；按照农业生产布局与水土资源条件相匹配、农业用水规模与用水效率相协调、工程措施与非工程措施相结合的要求，集成农业节水技术体系，增加节水灌溉科技含量，加快高效节水技术体系建设。

2. 农业环境治理方面

加大耕地污染治理力度，对耕地污染进行监测和摸底调查，调整种植业结构，推进耕地质量修复技术模式的集成组装；加快治理规模化畜禽养殖污染，推广应用粪尿分离、干湿分离、雨污分流、沼液农田利用、种养结合、固体废弃物有机肥生产等实现废物循环利用；通过示范推广农田残膜捡拾回收相关技术，充分调动农户的主动性和积极性，重点扶持建设农田残膜资源化利用企业及回收网点，建立完善市场化运行机制；建立农药废弃物处置和危害管理平台，研发安全可靠、简便易行的安全处置及资源化利用的技术和设备，组织废弃农药、废弃包装物等的存放、回收、处置等信息申报；建立较完善的秸秆田间处理、收集、储运体系，推广秸秆肥料化、能源化、饲料化、基料化利用技术，形成布局合理、方式多元的秸秆综合利用产业格局；增加生态净水和循环用水设施设备，改善水产养殖设施条件和养殖水域生态环境，推广应用循环水和生态健康养殖模式。

3. 农业生态建设方面

保护和恢复林草①植被，遏制植被退化、沙化，增强水土保持、涵养水源能力，对于部分重金属污染严重地区、部分25°陡坡地、过度开垦的草原地区继续实施退耕还林还草；推进草原禁牧休牧轮牧，实现草畜平衡，促进草原休养生息，推进南方及重点地区草地保护建设，促进草原畜牧业由天然放牧向舍饲、半舍饲转变；建立起比较完善的平原农田防护林体系，初步建成由点、带、片、网组成的平原农区森林生态系统，全面控制基本农田；加大黄土高原去水土流失及荒漠化综合治理力度，继续石漠化综合治理，加强重点区域水土流失综合治理和坡耕地改造等水土保持工程建设，治理东北黑土地水土流失，对关中盆地、四川盆地以及南方部分地区的坡耕地，进行综合治理与改造；针对地下水开采严重的地区要稳妥调整种植结构。

（四）保障措施

1. 加强组织领导

建立由国务院有关部门参加的农业可持续发展部级联席会议制度，加强对规划实施的统一领导和统筹协调，明确工作责任主体，搞好政策衔接，共同解决规划实施中遇到的重大问题。省级人民政府要切实负起总责，抓紧制定省、地、市（县）级农业可持续发展规划，做好地方各相关部门的统筹协调，打破条块分割局面，创新工作机制，形成部门合力。探索编制自然资源资产负债表，对领导干部实行自然资源资产离任审计，建立生态环境损害责任终身追究制度。

---

① 林草是所有乔灌草植物的简称

2. 强化科技支撑

加大国家科技计划对资源利用、环境治理和生态保护领域的研究支持，加快关键技术研发。加强国家和省级农业资源与生态环境领域的科技创新平台、重点实验室等条件能力建设，促进科技创新条件与人才队伍、研究任务、产业发展相配套，加快农业资源与生态环境领域重大成果和关键技术的推广应用，加快资源节约型、环境友好型农业的人才培养与教育培训。

3. 完善扶持政策

加大"三农"投入中用于资源保护、环境治理和生态恢复建设的比重。各项投资要向耕地重金属污染治理区域、重要水源地面源污染治理区域、东北黑土地治理区、重点生态修复区倾斜。健全和完善已有补贴政策，扩大补贴范围和规模，完善补贴方式，提高补贴精准度。启动实施土壤修复奖励政策，加大对东北黑土地质量建设的投入，建立地力补偿基金。实施产业结构调整补贴，对东北地区粮豆轮作、重金属污染治理区域种植结构调整、地下漏斗区改种节水作物给予补贴。实施有机肥、加厚地膜补贴，启动高效缓释肥补贴和低毒低残留农药补贴试点。研究建立秸秆还田或打捆收集补贴机制、高耗能老旧农业机械报废回收制度，探索实施报废更新补贴。通过以奖代补方式，大力推广节水农艺措施。

4. 健全法律法规和加大执法力度

提高对农业资源与环境违法行为的处罚力度，健全重大环境事件和污染事故责任追究制度。对环境法律法规执行和环境问题整改情况开展督察，建立跨行政区环境执法合作机制和部门联动执法机制。划定永久性农田，修改土壤重金属污染评价标准，修订完善农用地膜国家标准体系，对农膜厚度、可降解性等指标给予强制性规定，建立并完善污染土壤调查和监测制度、环境影响评价制度、整治与修复制度、土壤污染整治基金制度以及土壤污染的法律责任制度，加大对农业面源污染的监测力度，将产区土壤、灌溉水、大气、农业投入品等全部农业生产要素及农产品纳入监测范围。

5. 创新体制机制

建立和完善严格监管所有污染物排放的环境保护管理制度，独立进行环境监管和行政执法。建立陆海统筹的生态系统保护修复和污染防治区域联动机制。及时公布环境信息，健全举报制度，加强社会监督。完善污染物排放许可制，实行企事业单位污染物排放总量控制制度和处罚制度。加快建立资源环境承载能力监测预警机制，对水土资源、环境容量和海洋资源超载区域实行限制性措施。加快资源及其产品价格改革，全面反映市场供求、资源稀缺程度、生态环境损害成本和修复效益。探索建立国家生态补偿专项资金，开展污染治理生态补偿试点。加强政府引导与支持，运用市场机制和经济手段，鼓励社会各方参与农业可持续发展工作，吸引社会资本投入生态环境保护的市场，推行环境污染第三方治理。发挥新闻媒体的宣传和监督作用，广泛动员公众参与农业生态保护和监督，完善信访、举报和听证制度。

三、生态农业理论

（一）马克思的生态农业理论

1. 马克思的土地自然肥力思想

马克思提出："土地最初以食物、现成的生活资料供给人力，它未经人的协助，就作为人类劳动的一般对象而存在。"马克思在这里说的土地就是土壤，土壤由于有一定的肥力，能够提供绿色植物生长的必要条件，这也是有肥力土地的主要功能。

马克思提出了肥力的两个范畴，即土地的自然肥力和人工肥力。"自然肥力是指土地不依赖于人的生产活动，而由自然过程赋予土地的肥力，它是自然历史过程的产物；人工肥力是通过人的生产活动赋予土地的肥力。""人工肥力是由资本能够固定在土地上，即投入土地所致，其中有的是比较短期的，如化学性质的改良、施肥等，有的是比较长期的，如修排水渠、建设灌溉工程、平整土地、建造经营建筑物等，它属于固定资本的范畴。"

在农业生产活动中，绿色植物所需要的经济肥力不能被自然肥力直接表现出来，经济肥力的形成要以自然肥力为基本条件，在一定的自然肥力的基础上，经过人们的生产劳动来形成人工肥力，人工肥力与土壤本来具有的自然肥力相结合就形成了经济肥力。

马克思指出了经济肥力和自然肥力的区别，充分肯定了人类活动在人工肥力形成中的作用，自然肥力向经济肥力转化是客观事实。

2. 马克思的自然生产力思想

劳动生产力高低的决定因素之一就是自然条件的丰度。这里的自然条件可以归结为人本身的自然（如人种等）和人周围的自然。马克思说："外界自然条件在经济上可以分为两大类：生活资料的自然富源，例如土壤的肥力，鱼产丰富的水等；劳动资料的自然富源，如奔腾的瀑布，可以航行的河流，森林，金属，煤炭等。"在人类文明初期，前一类自然富源具有决定性的意义，而在发展到较高的阶段之后，后一类自然富源具有决定性的意义。劳动外部的自然条件在经济上能够分为两大类：属于生活资料的自然富源和劳动资料的自然富源。撇开劳动的社会条件不说，那么因为劳动的自然条件的优劣差异，劳动生产力的高低就会有差异。比如，在农业中，土地自然肥力越好，气候越好，维持和再生产生产者所必需的劳动时间就越少，所以在单位时间内能够生产的产品数量就越多。

在农业中大规模地把自然力应用在生产中要比在其他生产部门中应用自然力要早。只有在工业发展到比较高的阶段时，在工业生产中使用自然力才表现得较明显。自然条件是劳动必不可少的条件之一。各种不同的自然条件，比如，土地是否肥沃，矿源是否丰裕，阳光是否充足等，不同程度地制约着劳动的生产力和社会经济发展。土壤自然肥力越大，气候越好，就越有利于农业生产的发展。自然条件越好，对于航空、航海、架桥、修路、开矿和加工工业就越有利。另外，在不同的自然条件下，人们必须满足的自然需要也有不同，例如生活在热带的人比生活寒带的人要少穿衣服。这就造成了劳动再生产的不同条件。受自然条件制约的劳动生产力和由社会条件决定的劳动生产力是互相联系的。劳动的合理社会结合等可以使巨大的自然力为生产服务，提高劳动强度可以加强对自然物质的利用。

（二）西方的生态农业理论

生态学的核心问题之一就是生态系统。1866年，德国生物学家海克尔在《有机体普通形态学》一书中最先提出了生态学这个词。海克尔给出的生态学的大概解释是探索生物有机体和无机环境相互联系的科学。地球上没单独存在的生物就好比一个人不可能脱离人类社会是一个道理，生物之间由于各种方式彼此联系而共同生活在一起，从而形成了生物的社会，也就是生物群落。

生物群落与环境之间的关系是非常密切的，它们彼此依存，彼此制约，共同成长，很自然地就成了一个整体。他的思想在19世纪末就在欧美各国的科学文献中所体现。生态学家但斯利在对植物群落的探究上归纳了很多人的研究结果，提出了生态系统这个概念。

生态学系统的基本概念是物理学上使用的"系统"整体，这个系统包含了有机复合体和形成环境的整个物理因子复合体。生态系统学说提出，有机体包含多个生物的个体、种群和群落，它们一起生存在蕴含着水、热、光、土、空气及生物等要素所构成的环境里。有机体与无机环境是连接在一起的整体，它们在特定的规律下组合起来，相互依附，相互制约，并处在不断运动和转变的过程中。每个因子不单单自身起作用，且相互之间发生作用，不仅受周围其他因子的作用，反过来还作用于其他因子。如果当中一个因子发生改变，那么一系列的连锁反应就会发生。这就是生物与非生物因子之间纷繁复杂的能量流动和物质循环。因此，生态系统是特定空间范围内生物与非生物之间通过能量流动和物质循环，协同连结而成的一个生态学单位，也可以概括为一个简单的公式：生态系统=生物群落＋环境条件。

专栏：新时期我国生态农业建设

党的"十八大"将生态文明建设纳入"五位一体"总体布局，确立了生态文明在新阶段社会主义建设中的突出地位。农业是国民经济的基础，也是与自然联系最为紧密的生态产业。然而，目前农业发展状况堪忧，化肥农药过量使用、农业废弃物资源化利用不到位、养殖业用药和饲料添加剂不规范等成为破坏农业生态系统的主要原因。这些做法有悖于生态文明建设的宏伟目标，应借当前高度重视生态文明建设之机，突破传统生态农业的局限性，加快发展现代高效生态农业，引导推进广大农村地区的生态文明建设。

一、生态农业的特征

（一）建立在高效利用自然资源基础上

根据区域自然条件和资源基础，生态农业可以灵活选择农业生态系统构成复合生态系统模式，进而提高空间和光能利用率，这有利于物质和能量的多层次利用，增加生物质产量。复合生态系统中物种的多样性，一方面为有害生物防控提供了天然条件，从而减少化学药剂的使用量；另一方面提高了物质循环和能量转化的效率，对有机剩余物进行资源化利用，既增加了养殖业的饲料来源，又降低了种植业的化肥投入量。这样，在降低生产成本、提高经济效益的同时，又减少了农业污染，提高了农产品质量。

（二）注重发挥生态系统的整体功能

生态农业是涵盖农、林、牧、渔等种养业在内的综合经营体系，目的是在有限的土地和养殖水域上发挥生态系统的整体功能，实现综合效益的最大化。因此，生态农业要求根据当地的具体情况对种养业进行合理搭配，瞄准最高的整体产出水平。传统生态农业是小规模的种养业搭配，在最终效益上是有限的；而现代生态农业强调的是适度规模化的种养业搭配，能够充分发挥整体农业生态功能，实现最佳的产出效益。

（三）注重提高生态环境质量

生态农业本身有很强的自净能力，可以在很大程度上减轻生产活动对生态环境的干扰。同时，生态农业注重恢复和提高土壤的肥力，减少化肥和农药的用量，使土地退化和生态环境污染得到控制，使农业与农村生态环境持续得到改善。此外，生态农业能够确保农产品的安全性，提高生态系统的稳定性和持续性，增强农业发展后劲。

二、我国生态农业面临的挑战

早在20世纪80年代初期，我国就开始了生态农业建设。在"八五"和"九五"期间，100多个生态农业试点示范县总结实践了大量有效的生态农业模式，初步形成了生态农业技术体系，取得了一些社会、经济和生态效益。但由于政策理论研究、生产经营和管理体系方面存在不足，目前我国的生态农业还徘徊在小规模、低转换、微效益的传统生态农业阶段。

（一）生产主体小，产业化水平低

我国的生态农业基本上是原有家庭承包基础上的一家一户经营，不仅规模小，而且主要停留在生产阶段，农业产业链的其他环节都十分不健全，因此很难达到规模经济，这必然制约着生态农业建设的规范化发展，也导致了抵御来自较大的经济环境和生态环境冲击的能力较弱。另外，小的生产经营主体一般生态意识差，对生态农业的发展认识不足，农民往往追求眼前的经济利益，对规范化生态农业难以接受，导致生态农业技术不易推广和广泛应用。

（二）研究点散面窄，缺乏系统性

一个完整的农业生态系统包含很多组成成分，需要严密的理论支撑才能设计出适用的复合系统。以往针对生态农业的研究多侧重于单一学科，未形成系统、综合的研究。同时，对于发展生态农业的法律对策、战略方针、检测体系和标准化评价体系等问题的研究与生态农业发展相脱节。此外，传统的生态农业技术体系基本上是对单一技术的简单加整，对复合生态农业系统的设计缺乏综合性技术措施的研究。此外，实用技术到位率差，科技立项与农民的知识水平和经济承受能力脱节，技术结构不合理等问题也比较突出。

（三）政策法规保障乏力，资金短缺

目前，缺乏全国性生态农业建设的总体目标、指导思想、发展措施和保障机制等纲领性的文件，生态农业建设的政策激励机制不健全，实施主体缺乏积极性；全国性生态农业建设法规条例还未制定，仅靠《全国生态农业建设技术规范》等指导性文件进行生态农业建设；此外，传统生态农业建设无法取得独立的财政扶持，资金渠道有限，建设项目难以全面展开，长期处于初级阶段，建设进程缓慢甚至停滞。

三、生态农业发展要注重核心机制建设

农业如同人一样，是否健康不能只看外表，要看它的内在系统，例如"血液循环系统"如何？"经络系统"如何？"代谢系统"如何？等等。可以说，各地的农业都做得"有鼻子有眼"，但这个"有鼻子有眼"的农业是否健康？这不取决于表面现象，内在系统才是关键。

笔者认为，生态循环机制是决定农业内在系统是否健康的关键机制，也是新时期生态农业的核心机制。人的身体内在系统如果出现阻塞，人就不会健康。同样，生态循环机制没有建好，农业也不可能健康可持续发展。例如，秸秆是否循环利用了？畜禽粪便是否循环利用了？如果做好了生态循环的文章，农业内在系统就健全了，农业上的很多根本性问题就能迎刃而解，如土壤的有机质含量就会不断提高，土壤的理化性状就会越来越好，耕地质量也随之提高。在这样好的土地上，农业不仅会实现可持续增长，而且农产品质量也能从源头上得到保证。

（一）生态农业核心机制建设的理论依据

1. 生态循环农业的由来

笔者长期从事生态循环农业研究，参与了大量的生态循环农业模式的实践工作。在实践过程中，为了让团队的每个成员都能准确把握生态循环的要点，根据传统生态农业的精髓和市场经济环境的要求，归纳总结了"价值循环理论"。同

时，在与基层工作人员的合作中、在与专家学者的座谈和研讨中，笔者发现"价值循环理论"有助于把握工作和思维的方向。因此，"价值循环理论"可以作为发展现代高效生态农业、促进农业可持续发展的最直接的理论之一。

2. "价值循环理论"概述

现代社会经济体不仅仅创造和实现价值，更应关注价值循环。从本质上来看，价值循环可以保证在有限的资源条件下更多地创造和实现价值。如果经济体内部的所有物质单元，包括无机物和有机体都能充分地以价值形式实现循环，那么就能向经济体外提供最大的价值总量。这里的价值总量是"正价值"量减去"负价值"量后的"净价值"量。所谓"正价值"，就是经济体提供的产品所体现的符合购买者需求的效用价值；所谓"负价值"，就是经济体的行为对资源环境和经济社会造成的负面影响对应的价值损失，这种价值损失有时不是直接体现在当下，而是在未来的一段时间里逐渐显现。衡量经济体的好坏不能只衡量"正价值"量，也就是说，经济体的成果中应该减去相应的"负价值"现值。

经济体内部的物质单元如果附在产品上走出经济体，就会形成"正价值"，如果附在不再被循环利用的废弃物上走出经济体，就会形成"负价值"。只有物质单元在经济体内充分循环，多次地经过生产过程，才能更多地附在产品上走出经济体，经济体才会在同样资源投入的前提下形成较大的"正价值"量和较小的"负价值"量。

如何使物质单元在经济体内多次地经过生产过程从而实现充分循环呢？只有用价值这只船载上物质单元，才能使他们畅通循环，因为经济体内部的各部分也是完全或不完全的经济理性单位，他们需要通过价值链进行交易，也就是说，他们计较的是价值。

（二）生态农业核心机制建设理论的诠释

1. 生态农业的精髓是物质单元多次经过经济体内部的生产过程

农业废弃物多为有机废弃物，收集并加以资源化处理，不仅可获得补充或代替能源，而且还可以增加农业生产资料，如种植业的有机肥、畜牧业的饲料、菌菇业的基料等，这是生态循环机制的一项重要内容。农业中的复合产业体系是实施生态循环机制的广阔天地，种植业、养殖业、畜牧业、菌菇业、农产品加工业以及新兴的旅游业、服务业等，完全可以利用生态循环链条连成一体，把以农产品生产为目的动脉产业和废弃物处理为主的静脉产业穿插结合，为物质单元多次经过生产过程创造条件，谋求资源的高效利用和废弃物的"零排放"，充分体现生态循环的本质要求，以实现农业产出高增长、农业资源消耗低增长、农业环境污染负增长的发展格局。

2. 生态农业的目的是物质单元更多地附在产品上走出经济体

此部分是以上一部分为前提的，也就是说，经济体内部的物质单元只有多次经过生产过程，才能向经济体外提供更多的产品量，产生更大的价值总量。

任何一个经济体，在产生产品的同时，总是会排放废弃物，尽管我们努力朝着零排放的目标努力，但排放或多或少，一时无法完全避免。如果物质单元多次经过生产过程，就可以更多地附在产品上，而不是附在废弃物上走出经济体。例如，种植业的秸秆原本是有机剩余物，大多数情况下被当作废弃物，但如果还田或通过其他途径再利用，秸秆中的物质单元就可以转化为产品中的物质单元，不再是经济体排放的废弃物中的物质单元，经济体就可以提供更多的产品。

附在产品上走出经济体就会形成"正价值"，附在废弃物上走出经济体就会形成"负价值"。因此，衡量经济体的好坏不能只衡量产品价值量，即"正价值"量，还应该减去相应的"负价值"。由于这种"负价值"对社会经济和生态环境的损耗不是完全直接体现在当下，而是在未来的一段时间里逐渐显现，因此每年减去的"负价值"应是分摊的现值。

3. 生态农业的保障是用价值之船载上物质单元在经济体内畅通循环

由上可知，只有让经济体内的物质单元多次经过生产过程，才能使物质单元更多地附在产品上走出经济体。但是，让物质单元在经济体内实现充分循环并不是件简单的事，必须有合理的运行法则来保障。此外，经济体内的各部分也是完全或不完全的经济理性单位，其动力来源主要是利益刺激，而利益背后是价值分配，也就是说，他们关注的主要是价值。

因此，保障生态农业的发展需要建立这样的运行法则，它的基本内容就是用价值之船载上物质单元在经济体内畅通循环，这是"价值循环理论"的核心，也是生态农业得以有效运行的根本保障。例如，种植业的秸秆通过养殖业作为饲料过腹再还田回到种植业，它们之间（在一些地方还有秸秆收集中介、秸秆专业合作组织）需要在秸秆的价值链上合理地交易才能保证这种生态循环模式的更好运行，也就是说，秸秆中的物质单元只有通过价值这只船才能在种植业与养殖业之间畅通无阻地循环。

四、国外生态农业的经验做法

"生态农业"一词由美国土壤学家威廉·阿尔布瑞奇（William Albrecht）于1970年提出后，迅速得到广泛的重视和响应，1969年北大西洋公约组织各国率先成立了现代社会挑战委员会，处理有关部门环境问题的多边实验项目，生态农业是其中的重要项目之一。美国罗代尔研究中心和大学生态研究所、英国的国际生物农业研究所先后开展生态农业研究，德国、荷兰、瑞士等国也先后建立了不同类型和规模的生态农场，生态农业得以迅速发展。发达国家的生态农业能得到迅速发展，关键是以完善的法律体系为基础（梁剑琴，唐忠辉，2008）。

（一）欧共体（European Communities）

欧洲国家生态农业起步较早，其政策法规较为完善。20世纪90年代初，德国和英国构建了"适当的农业活动准则"，对不宜施肥期的施肥量进行严格控制，规定河流附近的畜产农户必须有家畜粪尿的处理设施，对于所发生的损失，由政府财政给予补贴（梁剑琴，唐忠辉，2008）；1992年欧共体在德国《施肥令》和英国《控制公害法》基础上颁布了《关于生态农业及相应农产品生产的规定》，扩大了"污染者负担"原则的适用范围，明确规定了产品如何生产，哪些物质允许使用，哪些物质不允许使用。1999年又补充了有关动物性生产的条款（姜亦华，2001）；1993年欧共体各国出台了对生态农业资助的政策法规，并投入相当大的资金在全国范围内统一实施，欧盟各国所有的资助项目都规定农民必须按照生态农业标准耕种5年才能得到资助，否则必须退还所领款项（姜亦华，2001）。

德国生态农业的发展得到政府的大力支持。为扶持农业，德国政府为农业提供的补贴金额大大增加，不仅仅是生产方面，更包括生态农产品的加工和销售（徐永祥，2010）；德国有一套完善的农业法律法规，农产品种植必须遵循7项法律法规，包括《种子法和物种保护法》《肥料使用法》《自然资源保护法》《土地资源保护法》《植物保护法》《垃圾处理法》《水资源管理条例》，2001年德国正式实施《生态标识法》，通过标识区分生态产品和传统农产品，这对生态农业的发展来说意义重大。2003年德国制定了《生态农业法》，规定对已注册的生态农业企业的经营活动及其产品的监测、检查或检测，以及对违法经营者的处罚，以此来确保欧盟的条例指令能够得到充分的实施（贾金荣，2005）。

（二）美国（United States of America）

美国的农业立法以农业法为基础和中心，与之配套的重要法律达100余个，因此农业法律体系十分完善，并将发展生态农业的各项措施具体化到各部法律之中。1953年的《水土保持法》、1997年的《水土资源保护法》《清洁水法》等都规定了对农业生态环境的保护；1983年指定的《有机农业法规》对有机农业进行了界定，并要求所有农药必须在联邦农业部登记，在使用州注册，使用者必须经过培训，合格后方可领证；1985年颁布的《土壤保护法》对占全美耕地24%的易发生水土流失地实行10～15年休耕，对农民直接补贴；1990年制定了《有机食品生产法》，1991年又发布了《有机食品证书管理法》（徐永祥，2010）；《2002年农场安全与农村投资法案》授权农业部实施《保护保障计划》《保护保存计划》《湿地保存计划》《环境质量激励计划》《草地保存计划》《私有牧场保护计划》《野生生物栖息地激励计划》《农牧场土地保护计划》等，设立了营销援助贷款和贷款差价支付、直接支付或直接补贴、反周期支付3种补贴方式，加大了对农业生态环境的保护力度，调整了补贴方式，扩大了补贴范围，对实施生态保护计划的农民进行补贴，使农民直接受益（孟繁华，2004）。

（三）日本（Japan）

20世纪七八十年代，日本开始重视农业环境问题，提倡发展循环型农业，有机农业在全国普遍兴起，相继出台了《废弃物处理法》《环境基本法》《资源有效利用促进法》《推进循环型社会形成基本法》《农药取缔法》《土壤污染防治法》等，有机农业、生态农业、农药化肥的减量使用开始逐步实施；1999年日本正式颁布了《食品、农业、农村基本法》，作为21世纪的基本方针，其核心在于实现农业的可持续发展和农村的振兴，确保粮食的稳定供给，发挥农业农村的多种功能（梁剑琴，唐忠辉，2008）。随后又颁布了农业环境三法，即《家畜排泄物法》《肥料管理法（修订）》《可持续农业法》，将发展有机农业作为环境保全型农业的首选。2001年实施有机食品国家标准及检查认证制度，制定了《有机食品生产标准》《有机农产品及特别栽培农产品标准》《有机农产品生产管理要领》等，确定了有机农产品生产技术路线和检查认证的制度（周玉新，唐罗忠，2009）。21世纪初，随着消费者对食品安全和环境问题的关注度的提升，日本相继出台了《农药危害防止运动实施纲要》《农药残留规则》《农地管理法》，加强了对农药的审定、生产保管及使用的监察和管理。2005年颁布了新的《食物、农业、农村基本计划》和《农业环境规范》，提出全面实施环境保全型农业是享受政府补贴、政策贷款等各项支持措施的必要条件，2006年和2007年先后出台了《关于推进有机农业的法规》和《关于有机农业推进的基本方针》（周玉新，唐罗忠，2009）。

五、新时期我国生态农业发展的基本思路

进入"十二五"，生态农业发展迎来了新的机遇。在环境污染日益严重、食品安全问题频发的现实压力下，公民的环保意识逐渐提升。同时，农业生产的主体也呈现多元化，专业大户、家庭农场、农业企业、合作社等经营主体逐渐替代一家一户的传统经营，为生态农业模式及技术体系的实施创造了条件。2012年党的"十八大"将"大力推进生态文明建设"独立成章，凸显了生态文明对我国未来发展的重大意义，为新时期生态农业的发展提供了良好的政策环境。

新时期生态农业的发展目标就是建设现代高效生态农业。现代高效生态农业不同于传统生态农业，需要系统化的政策法规保障、规模化的运营模式承载、现代化的科学技术武装。

（一）用系统化的政策法规保障生态农业

现代高效生态农业与一般农业发展模式相比，具有更强的正外部性，但同时也承担着更大的机会成本，弥补的办法就是实施扶持政策，建立激励机制，引导农业生产者的行为。同时，参考国际上成功的做法，我国还要完善相应的法规体系，建立相应的约束机制，规范农业生产者的行为。目前这些机制建设还处于起步阶段，因此，需要在深入进行经济分析和研究农民意愿基础上，制定出能引导和保障现代高效生态农业快速发展的政策法规，并尽快形成有效机制。

（二）用规模化的运营模式承载生态农业

农业适度规模经营，可以促进专业化生产、集约化投入、规模化产出，不断降低单位面积生产成本，不断提高经营主体的效益总量。同时，规模化是现代高效生态农业的前提，可以保障农业生态系统各子系统间的高效物质循环和能量转换，有效抵御大的自然灾害。当前，我国正在加速城镇化发展，农村土地闲置或利用不充分问题日益突出，开展农业适度规模经营具备了基本条件。因此，建议政府能够积极引导，提前制定规划；健全培训教育体系，加快培育生态农业职业农民；完善相关政策法规体系，在激励的同时加强监管；健全农业社会化服务体

系，提供生产和市场保障。

（三）用现代化的科学技术武装生态农业

面临保障农产品有效供给与保护资源环境双重压力的我国，农业发展必须依靠科技，现代高效生态农业的核心支撑也是科技。要充分认清生态农业发展的技术需求与创新方向，既要注重挖掘传统生态农业技术精髓，又要创新现代农业技术，并进一步集成创新。传统生态农业的技术特点是精耕细作，重视资源环境与生态系统的保护，缺点是生产规模小、效率低、抵御自然灾害能力差。因此，要在挖掘传统生态农业技术精髓的基础上，采用现代农业技术弥补其缺陷，使生态农业转变成现代高效农业。然而，用现代农业技术优化传统生态农业技术，并不是简单拿来，而是根据生态农业的不同类型进行集成，属于一种创新过程，这样才能使生态农业真正具有现代高效的技术内涵。

（四）小结

农业是与自然最为紧密的生态产业，农业生态系统和生产系统是一个共同体，不仅包括农田生态系统，还涉及与农业生产相关的其他生态系统，如草地、林地、水体、湿地等，典型的有北方牧区、南方草地、经济林、林下种养、湖泊和江河以及近海网箱养殖、池塘放养、水生种植、水禽以及水生动物饲养等。承载农业生产的农业生态系统是一种人工生态系统，建立在特定生物群落与其环境之间能量和物质交换及其相互作用的基础上，是人类开发程度最大、依赖程度最高的生态系统。农业既然是一种生态产业，就不能仅仅关注资源节约、环境友好，还应该上升到更高的生态层次，关注生态保育。生态保育（Ecosystem Conservation）包含生态保护（Protection）与复育（Restoration）两个内涵。生态保育型农业就是在保护现有农业生态系统的同时，修复受到人类和自然冲击的农业生态功能，培育有利于农业可持续发展的生态承载力。

"十八大"报告在"大力推进生态文明建设"这一部分与以往政府报告中"资源环境、生态环境"等表述有着明显不同，把"资源""环境""生态"三者分开，以表明它们的区别，但同时又并列表述，以示它们的紧密相关性。可以看出，这不仅仅是文字上不同，同时在更深层次上反映出报告对于人与自然关系的深刻认识。必须树立尊重自然、顺应自然、保护自然的生态文明理念，这是党的十八大报告针对资源约束趋紧、环境污染严重、生态系统退化的严峻形势，明确提出来的自然生态观。我们必须将这种自然生态观融入新时期经济建设、政治建设、文化建设、社会建设各个方面和全过程，特别是农业这个涉及国土面积最大、对生态文明建设影响较大的产业。同时，我国农业发展面临的资源、环境与生态问题，是生态文明建设无法回避的，必须解决这些问题，否则生态文明建设无从谈起。只有全方位转变农业发展方式，探索以生态保育型农业为最高层次的多维生态农业创建之路，扎实推进生态文明建设。

多维生态农业与农业可持续发展的关系集中体现在三个方面。一是多维生态农业注重选择适宜的农业复合模式，提高空间和光能利用率，促进物质充分循环和能量的多级利用，从而增加生物质产量。二是多维生态农业可以在很大程度上减轻对环境的干扰，可以为有害生物防控提供天然条件，化害为利，从而从环境安全保障方面保证农业可持续发展。三是多维生态农业有利于在有限的时空内发挥生态系统的整体功能，注重提高生产系统的稳定性和持续性，增强农业发展后劲和长期效果。

第二节　什么是多维生态农业

一、多维生态农业的内涵和外延

（一）内涵

"多维生态农业"的"多维"是系统思维，是系统农业工程，其中包括一维地上部立体种养，一维地下部立体空间，一维生产系统，一维生态系统，一维循环系统，一维生态位，一维生物功能，一维人类需求，一维组合功能，一维三产融合，一维田园综合体，一维资源产出率，一维需求市场，一维融资难，一维农民增收，一维环境气候，一维产品加工，一维食品安全，一维土地确权，一维体制机制，一维政策法律……，诸多一维问题的解决构成多维生态农业，形成农业系统解决方案——多功能大循环农业。

（二）外延

多维生态农业旨在打造一个以多维高效生态产业为依托，集生产、开发、旅游、休闲娱乐等多种功能于一体的现代产业生产经营模式，其外延包括3个方面。

1．产业的多维

多维生态农业既不是将旅游业和工业作为农业的附属，也不是着重发展其中两者而忽略第三者，而是统筹协调农业、工业与旅游业的关系，三者相互促进，共同发展，并带动服务、饮食、医疗等附属产化的发展，构成兼容并包、和谐有序的多维产业体系，实现区域经济、文化、社会各方面的全面发展。

2．空间的多维

在多维生态农业模式下，每一种产业，均对资源与空间有着高效的利用。多维生态农业是由传统的间种、套种、复种及种养加一体化模式发展而来的，指的是通过生物与时空的合理结合、物质与能量的循环利用建立起来的多种资源整合，包括立体种植业、立体养殖业以及它们相结合的集约型产业。

3．功能的多维

多维生态农业不限于农产品的产出，而是更加侧重农务体验、科普教育、田园风光游览、体育运动、生态养老等功能的发展模式，以服务产业带动第一产业的经济升级和第二产业的发展，从而形成服务产业链，提高附加价值，实现农业产业化升级。

二、多维生态农业的实质和宗旨

（一）实质

多维生态农业通过陆地生物组合、水生生物组合、水陆生物组合，把传统单一的农业转型、升级到构建良性循环系统的经营，实现多级能量的转化，变废为宝，将生物链循环、废弃物循环和产业链循环进行到底。通过多功能大循环农业创建更高级平衡的人工生态系统，周而复始，永续循环利用。如图1-2所示。

多维生态农业的实质体现在3个方面：一是多维生态农业注重选择适宜的农业复合模式，提高空间和光能利用率，促进物质充分循环和能量的多级利用，从而增加生物质产量。二是多维生态农业在很大程度上减轻了对环境的干扰，为防控有害生物提供天然条件，化害为利，从环境安全方面保证农业可持续发展。三是多维生态农业有利于在有限时空内发挥生态系统的整体功能，注重提高生产系统的稳定性和持续性，增强农业发展后劲和长期效果。

（二）宗旨

多维生态农业旨在绿色引领科技，绿色改变生活。通过创建多维生态茶园、多维生态稻田、多维生态羊圈、多维生态库塘、多维植物防火林等项目示范区，构建天、地、人、万物合一的田园综合体的样板工程，通过展示、示范、应用和推广，实现传统农业向绿色农业和高效农业的转型、升级。

没有良好的、绿色且高效的种养模式做基础，不仅一产低效没人干，而且二产、三产的生产成本高，我国农产品就会缺乏国际市场竞争力。良好的一产模式为下一步三产融合、种养业的生物链永续循环、废弃物永续循环和产业链永续循环打下坚实基础，能够构建比传统农业综合效益更大的经济效益、生态效益和社会效益，实现多功能大循环农业体系。只有这样，才能因地制宜地引领全国各地创建这样的农业园或特色小镇。

三、多维生态农业的基本思路

解决农业问题非常难，而探索系统地解决农业问题的途径和方法就更难，而多维生态农业从事的就是这样一项伟大的全新工程。本著作权公开了一种多维生物组合技术和方法，具体表现在通过利用生物交叉点，形成多维生物组合技术，创造多种新型农业模式，以此实现经济效益+生态效益+社会效益三者综合效益较传统模式的更大化，同时解决复杂的农业系统难题，形成多维生态农业的新方法、新技术、新模式，基本思路如下。

（1）通过多维，罗列并思考31个主要农业系统难题[①]。

（2）通过多维，寻找农业系统问题的最大交叉点。

（3）通过多维，研究生物多样性和生物特异功能。

（4）通过多维，发现利用生物功能和生物交互作用可以解决一个或多个农业系统中的难题，然后把生物功能和生物交互作用与农业系统问题紧密结合起来，产生生物交叉点以及生物交叉点的具体实施方式。

（5）通过多维，利用生物交叉点形成多种生物优化组合，创新生物多维组合技术和方法、生物多维组合技术和方法具体实施方式。

（6）通过生物多维组合技术和方法，创新多种新型多功能农业模式、多维生态农业模式的具体实施方式。

（7）通过多维生物组合技术和方法，实现多种新型模式的三产融合，完成全生物链、全产业链的大循环，形成多功能大循环农业和创建国家农业高级标准

---

① 对许多农业问题的多向思维形成系统思维，以下简称多维

化体系。

本著作权涉及经济、生态、社会以及多学科综合领域，具体涉及一种新型多维生物组合技术、方法和多维生态农业模式。

第三节　多维生态农业的意义和功能

一、多维生态农业的意义

多维生态农业是多功能大循环农业的重要组成部分，是一项系统工程。多维生态农业注重新型农业种养模式的创新突破，涉及种养业面积最大、群体最多，通过新型农业模式解决农药、化肥、除草剂等污染问题，构建多种物种立体混合种养模式和多级能量传递，生产更多绿色安全食品，同时产生复合式农林产品收入，解决农民增收难问题。

以多维新型茶园全链模式的三产融合标准化示范为例。从一种新型茶园模式的三产融合，到多种新型模式田园综合体的三产融合农业园，再到县域经济、区域经济的特色小镇，实现我国农业的升级。如图1-2所示。图1-2中的1为单一茶园，2为新型模式茶园，3为配套茶园鲜产品加工的农业园，通过茶园全链模式的探索，举一反三，因地制宜，创新多维生态稻田、多维生态果园、多维生态库塘等多种新型模式，构成天、地、人、万物合一的美好乡村田园综合体。通过8个典型案例的产业联盟、技术集成、设备组装、标准化制定等建立与田园综合体鲜产品相配套的三产融合农业园。图1-2中的4为田园综合体，5为技术集成，6为配套加工农业园。我国960万km^{2}横穿东西，纵贯南北，物产丰富，以南方3～5个乡、北方平原20万～30万亩区为适度规模，通过创建三产融合的农业园很容易形成特色产业小镇，图1-2中的7为县域、区域经济。许多地区过剩的工业园可以变成新业态、新动能的农业园，大量的现代化农业园建设会形成农业中高端装备制造业，打造中国特色高质量农业升级版。

探索解决三农问题的新路子

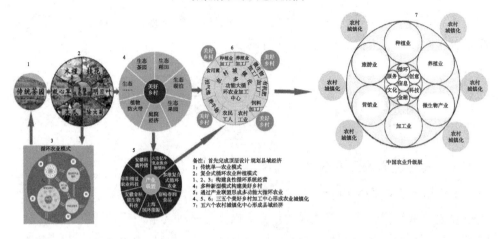

图1-2　解决三农问题的新路子

二、多维生态农业的功能

根据多维生态农业的理念，综合工业、农业和旅游业，充分发挥待开发地区现有条件和物质经济文化基础，从而构建出的新型农业综合产业体系，称为多维生态农业模式。多维生态农业，是以循环经济理论、生态农业理论为先导，以绿色生态为核心，强调可持续发展、生态因素、景观因素，以建筑、规划、景观、生态、交通设施、物流、信息等各方面的一体化为特征，协调农业、工业、旅游业等各产业的资源分配与产业协作，体现高密度和高生态的结合，使人、经济、生态、社会等各方面的活力交织在一起，形成一个集农业生产、产业发展、观光旅游、商务、居住、文化、休闲等功能为一体的新型生态农业产业综合体。它基于多维生态农业模式，强调绿色和谐和可持续发展，力求实现生态保护、经济繁荣、社会发展等多赢的目标。

多维生态农业的每种功能有其特定的运行规律，它将不同产业链与时间段的功能组织在一起，使各部分的活动组织有序，共生共赢，使其保持繁荣昌盛，提高了物质、空间、时间等各方面资源的使用效益，其主要功能如下。

1. 生态农业

生态农业是一种集约化经营的农业发展方式，是在保护、提高的前提下，遵循生态学，生态经济学规律，运用现代科学技术和系统工程方法，按照生态学、经济学原理，运用现代科技成果和现代化管理模式，吸收传统农业的有效经验而建立的一种能够获得较高的经济、生态和社会效益的现代农业模式。

2．绿色工业

绿色工业是实现清洁生产、生产绿色产品的工业，即在生产满足人们需要的产品时，能够合理使用自然资源和能源，自觉保护环境和实现生态平衡。其实质是减少物料消耗，同时实现废物减量化、资源化和无害化。同时，绿色工业与生态农业紧密结合，通过利用前者农产品以节约成本、工业产品和副产物反馈农业发展等方法，促进两者之间协调与共同发展。

3．多维旅游

在开发生态旅游、科技旅游、文化旅游、教育旅游、养生旅游等多种形式的旅游方式，充分发挥生态农业产业园区各方面旅游资源的同时，以旅游业推动农业、工业的发展及文化的传播和宣传，同时以可持续发展为理念，以保护生态环境为前提，不因旅游给生态系统带来新的负担。

4．生态修复

生态修复意为保护、保育、建设、改善生态系统，保护地球上的生物单一物种群体，乃至数个生物所依存的栖地，扩展至整个生态系统的维护，甚至栖地原住居民的文化维护。生态修复需要众多学科的参与，诸如生态学、生物学、地质学、土壤学、地理学、物理学、化学、土木工程、经济学、管理学、公共卫生、环境科学等学科都是生态修复所需要顾及的层面。多维生态农业园区的规划和建设，不仅不应当破坏当地的自然与文化环境，还应起到生态修复的作用，真正地实现人与自然的和谐共存。

5．其他产业

通过农业、工业和旅游业的发展，可以推动多维生态农业园区的教育、文化、交通、饮食、商务、居住等产业的发展，加强基础设施建设，推动当地经济体系向多元化方向发展，在保护地域历史文脉和乡主文化特色的同时，提升居民教育水平、社会文化氛围、整体经济水平，实现社会、文化、经济的共同进步。

6．区域带动

随着园区自身的发展，能沿交通网络辐射性地影响周边区域的农业、工业、旅游业状况，通过共享资源、客源，带动整个地区经济的发展，如消费、基础建设，与园区具有联系的相关产业也会随之蓬勃发展，从而起到带动周边区域、实现共同进步的作用。

第二章　多维生态农业的战略分析

第一节　对"三农"问题的分析和思考[①]

一、我国农业的困境和挑战

农业是与自然最为紧密的生态产业，农业生态系统和生产系统是一个共同体，落后的农业模式和化学农药农业、化肥农业、塑料农业、激素农业以及工农业废弃物等非自然物质在不断增加，破坏了地球这个人类生命共同体，种种异象让世人警醒。

当前我国农业面临多重困境，虽然粮食产量实现了13连增，解决了13亿人口的主粮问题，但其代价是多年来一直违背自然规律，人为造成生产系统对良性生态系统掠夺式的破坏，这种农业是不可持续且不能高产的，农药化肥等废弃物污染严重，地表多年积累下来的有害物质通过夏季高温蒸发、冬季冷凝蒸发加大了空气、水、土与雾霾的污染程度和浓度，一些病毒开始危及人体生命安全，13亿人口中有7亿多人的健康出现了不良症状，严重的大气、水、土等环境污染问题、极端气候灾害、耕地退化、农村空心化、城市交通拥堵、食品安全、就业、健康等一系列潜在的危险因素和问题急剧上升，生物多样性日益减少。这些问题关系到我国农业的总体安全，关系到中华民族子孙后代的繁衍生息，将会导致我国农业陷入多重困境，面临诸多严峻问题的挑战。在此之前，中央已经有12个一号文件，阐明了"三农"问题是"重中之重"的问题，然而多年来这些问题始终得不到很好的解决，这是因为农业是个系统工程，但我们却没有采用系统工程方法去解决问题。那么，如何改变落后农业模式？如何解决"三农"问题？如何调

---

① 此部分内容摘自2015年陈光辉代表的政策建议

结构、转方式，实现农业可持续发展？我国农村发展的第一动力是什么？如何围绕第一动力制定农业政策和方针？

针对我国农业陷入多重困境和面临诸多严峻问题的挑战，需要在中国大地发动一场生物农业绿色变革、转型或者叫国土高质量改造，实现农业从量变到质变，再到农村巨变。这场农业绿色革命来得越快越早越好，亿万人民已经强烈地发出"绿色"呼唤。可喜的是，以习近平总书记为核心的党中央前所未有地高度重视这一问题，国务院更是陆续出台关于绿色和高质量农业的相关文件，党中央国务院将领导亿万人民奔小康，实现"两个一百年"奋斗目标，打造绿水青山、金山银山，创建绿色共和国。伟大的中国共产党人挑战最难的"三农"问题的勇气和信心坚如磐石——农业强，中国强，农民富，中国富，农村美，中国美，为人类贡献中国智慧和中国方案。

二、我国农业面临的31个主要问题

农业是复杂的生态系统问题，是农民这一社会群体与政府体制机制等问题共同交织起来的系统难题，难题难到什么程度？千变万化而又交织复杂，千头万绪像一堆乱麻，可以把它比作最难破解的"天门阵"，农村、农业、农民、政治、法律、制度、金融、分配、市场、气候、环境等一系列要素就是里面的迷魂阵、太阴阵、朱雀阵……变幻莫测，需要"穆桂英挂帅"大破天门阵那种系统思维。其实，农业问题比破天门阵还要难，单从生物多样性和气候变化复杂性来说，一山一世界，而且一山四季有不同，除了乔灌草呈现相对静止外，其他一切都是动态的，发展变化的。

通过深入调查，本书把全国各地发现的100多个农业问题归纳和总结成31个问题，对这些问题思考了10余年之久，利用矛盾普遍性与特殊性关系的原理，通过交叉思维发现这些问题的最大交叉点是林草问题[①]，通过运用系统工程方法发现，多功能大循环农业是解决31个问题的重要途径，而生物技术的科技创新是农村发展的第一动力，解决这些问题的关键是改变落后的农业模式，尽快创造让人民群众满意的农业绿色发展新模式。

这31个主要问题可概括如下。

（1）如何解决农民增收难问题？如何提振亿万农民发展农业生产的积极

---

① 林草问题是森林与草地问题的合称

性？

（2）如何解决农药污染、污水粪便、农村厕所肮脏的问题？

（3）如何解决化肥污染与氮化物雾霾、耕地质量退化的问题？

（4）如何调节气候、降低自然灾害？产生极端气候的主要原因是什么？

（5）如何因地制宜、优化结构、适地适林适草，解决水土流失问题？我国与德国等一些发达国家相比，绿化面积容积率为1∶6。一些地区绿水青山稀薄，蓄水保水造水、抗旱抗涝功能明显不强的原因是什么？

（6）如何解决农业各个环节废弃物资源的综合利用问题？如何变废为宝、化害为利？

（7）如何最大程度地提高农村土地的生物资源利用率和产出率？

（8）如何解决农业土地承包制与农业规模化生产问题？70%以上的农民同意土地流转是否可以认定为合法化？

如何解决农业国家宏观总量与县域、区域经济发展不平衡问题？如何宏观调控国内外市场与本国农产品市场的供求平衡问题？

如何实现贫困地区弱势群体农产品计划经济与市场经济相结合？如何解决新型经营主体、农民合作社与农民生鲜农产品配套的收购、加工、场地问题以及降低各项收费标准？如何保护农民最基本的利益？

（9）如何解决农村土地流转与土地确权、农民小产权问题？如何激活农村沉睡的农业资产和资本？

（10）如何保护生物多样性，建立不同地区的生物种质资源圃？

（11）如何简化新食品资源认证、保健品认证、药品认证的手续、费用和时间？有些行政权力和社会组织或协会勾结，收费部门太多，收费名目花样百出；部门权力和资源一旦放松就任性，如果国家没有建立长效管理机制很容易铸就腐败温床，我们将如何厘清教育、医疗、养老、金融、证券、建筑、市场流通、央企等各条战线、各个部门存在的体制障碍和管理漏洞？

（12）如何建立国家生态农业综合标准化体系，规定农药、化肥、激素、薄膜等最大使用量、残留量以及废弃物最大排放量？

（13）农业融资难问题已成为农业科技创新、解放农村生产力的政治和体制障碍。国家政策方针与金融内部体制相互脱节问题多年来始终解决不充分。农民的耕地、房屋、农作物为什么不能用来抵押贷款发展农业生产？如何建立象房地产那样的农业金融借贷、保险保障、评估体系，解决新型经营主体贷款融资难问题？

（14）新常态下人人创新、万众创业，国家相应的政策、体制、条条框框如何改革？如何创建一个人人都可以创新、都能创新的平台？在我国，一个人既搞发明专利，又要办工厂，还要卖产品，这个过程有许多审批环节，希望通过创新，这一环节由平台来做。否则，许多创新成果会在审批中夭折。

（15）我们需要互联网，如何尽快完善互联网+安全管理体系？如何防止电商在不公平竞争中电伤实体经济和就业？互联网金融把我们的钱弄哪了？如何完善和监管？未来发展趋势如何？

（16）中央如何打通管理层中段"肠梗阻、中梗阻"以及利益集团的"拦路虎"？如何正确处理党、人大和一府两院关系？如何真正把权力关进笼子，不再一权独大？如何让人民参与，让人民发声，如何接受人民民主监督，建立更加良好的政治生态，从此依法治国、依法治费、依法治税都纳入正轨？

（17）如何设计实现美好乡村、美丽中国、全面奔小康目标的具体实施方案、时间表和路线图？

（18）如何转变农业发展方式、调整农业种植结构和产业结构？政府具体怎么做？官员如何做？在目前传统低效的农业模式下，农村农民缺位怎么办？

（19）"三农"问题是一个系统问题，它还会引发哪些相关问题？如何加快农业实现工业化发展进程，从粗放农业向文明农业发展？确保18亿亩耕地红线是违背自然规律的，有数量没有质量，关键是如何创建林区、粮区、牧区、水区，如何构建18亿亩耕地农林牧副渔全面发展的大农业循环体系？

（20）如何科学规划、开发利用我国76亿亩山区草原？封山育林、退耕还林、公益林保护是不科学的，而且剥夺农民靠山吃山养山的权利和机会，应该重新认识生物特性和自然规律。混交式林草经济可以实现生态保护优先、社会效益和经济效益一体化共赢发展。

（21）如何实现我国农业整体安全？如何利用山区草原发展木本草本粮棉油替代亿万吨进口转基因食用油、饲料、棉花？国土失去林草就会出现荒漠化、石漠化、沙漠化问题？如何优化林草品种、结构、种植模式，重新修复生态？选择种什么林、什么草非常关键。

（22）如何通过生物技术创新修复生态系统，破解复杂山区生态系统难题？如何重新设计农业全生命周期的新程序？

（23）如何最大程度地发挥农村资源、资本的造血功能？制定政策者是否知道现在推广的美好乡村形象示范工程的效果如何？新政为什么不能落地？金融为什么不全力支持？我们的农产品有多大的竞争力……一产低效的三产融合今后能不能在农村大面积复制？我们是不是又做错了什么？我们的政策是考虑一个点还是共同富裕？农村空心化、农业边缘化，有些耕地被严重污染了，为什么没有问责制？过去有深圳特区、小岗村土地承包制，今天我们如何先行先试，创建新的农业改革实验区？

（24）如何大力进行科普宣传教育，提高干部和群众的文化素质、技术水平以及尽快为农村输入新鲜血液？特别是农民素质的培训和提高。面对国外转基因和种子、先进的农业技术和特别优惠的惠农补贴，土地承包制下的我国的弱势群体——农民很难应对强大的外国势力，如何提高我国农产品的市场竞争力，使之进一步上升到国家农业战略安全的高度？

（25）为什么每次中央政策一到下面就收效甚微？为什么中央连续出台12个一号文件都难以解决"三农"问题？问题出在哪里？执行政策的主人翁、主力军——农民长期缺位怎么办？有些地方政府搞虚假统计，夸大宣传的报道，"三农"问题年年雷声大、雨点小，而且我国公务员比例为1∶28，属全世界最高，如何精兵简政、减少吃饭财政？中央提出"精准扶贫"，许多地方打着、扛着扶贫旗号，输血不能造血，主人翁——农民始终缺位，我国农村几经折腾，折腾来折腾去，农村只剩下空巢，土地污染严重，现在谁来担当责任？"三农"问题长期久拖不决，如何发挥各级人大对政府绩效的问责制、监督和立法？相信这次不会按照老样子走过场。

（26）如何防范汉奸利益集团内外勾结侵犯民族大益？如果不反腐，没有一个政治清明的政府，那么深化农村改革无从谈起。

（27）每年究竟有多少资金是真正用到或投入农业、农村、农民上？资金给了谁？工农业产品"剪刀差"又吃掉多少农民补贴？农业补贴这种"撒胡椒面"方式有没有效果？农民年收入3 000元是不是就能够脱贫？3 000元平均到每天是8元多，只够买萝卜、芹菜。一部分农民因农产品市场不稳定等因素脱贫，现在又返贫了，怎么办？

（28）农村只建不管的现象比较突出。国家巨额投入民生工程，后续如何监管？设施如何保养？

（29）是不是成立农民合作社、搞土地规模化流转、成立家庭农场等就能解决"三农"问题？下一步政策如何跟上、配套和信息反馈？

（30）如果我们实现了三产融合，一产还是停留在低效水平，是低效融合，这样的农产品在国内外市场上有没有竞争力？一产低效，农民没有积极性，新型农民主体再缺位怎么办？政府如何制订一整套切实可行、能够解决"三农"问题的方案？大量农民失地以后怎么办？现在、将来谁来种地？新型经营主体目前的状况令人担忧！

（31）农业的核心问题、根本问题就是如何解放农村生产力，创造绿色、高效、农业模式，让农民在农村挣的钱和城里一样多，农业能挣钱了，银行就会贷款给新型经营主体，融资难问题就解决了。通过新模式发展高效农业，生产成本大幅降低，再通过三产融合，农产品市场的竞争力就会显著提高，中国人就会夺回每年需要进口亿万吨的转基因粮棉油和饲料等大市场。如何精心策划这次国土高质量改造工程——农业绿色变革？如何完成我国农业转型升级，修复生态，建设生态文明中国？

以上31个问题是2015年两会期间，陈光辉代表针对农业问题提出的政策建议。

三、对31个问题的归纳总结

以上31个问题可以归纳为7个关键性问题，首先必须改变目前落后的农业模式和化学农业方法，通过新型农业模式解放农村生产力，这是第一动力，但7个农业系统难题又必须同时解决，缺一不可。

（一）加快农产品市场供给侧改革

首先是市场问题，必须加快农产品市场体系供给侧改革。农业大国必须在国家宏观指导下，满足13亿人口的需求，针对农民这一弱势群体，创建国家计划经济宏观大市场与大农业互联网+区域市场经济+农民群体小市场的上下衔接、相互融合的大农业市场体系和价格体系，确保13亿人口大国农产品需求市场供求的基本平衡、食品安全和农民收入的基本稳定，别像以往那样政府的主观和任性经常伤害农民和制造农产品市场价格的大起大落，宏观不平衡带来的农产品需求失控，如"蒜您狠""豆您玩""姜您军"、谷贱民苦、菜贱伤农、2015年的杀牛倒奶、2016年廉价玉米、H7N9泛滥成灾、猪肉市场大起大落、国外大豆全产业链蚕食入侵，接下来可能是玉米、肉食品的蚕食……如何通过国家大数据、大市场引导各省、市、县小市场的农业生产和抵御外侵？在十二次五届大会上陈光辉代表提出"暂停转基因食品和饲料进口，去农民库存积压玉米"等16个建议，通过新型模式改革农产品市场需求体系、生产要素合理配置、稳定农产品市场是创建农业资产走向市场化金融产品的前提条件之一。

（二）万众创新，发展绿色、高效、循环农业

通过万众创新改变落后、低效的农业模式，创新农业模式，发展绿色、高效、循环农业。利用生物新技术，重新为我国农民设计亩产收入达到5 000～10 000元甚至以上的多种新型复合式农业种植、养殖模式，创新型农业模式，建设国家级实验区、展示区以及新型农业模式技术培训、推广中心，做给农民看，教会农民干，实验区取得成功后，可以因地制宜在全国推广。如何支持新型农业模式实验区、展示区建设让农业资产升级为极具诱惑力的金融产品？改变多年落后的农业模式和化学农业方法非常关键，这是一场农业生物技术带来的革命。

（三）减少极端气候灾难和次生灾害

修复生态，减少极端气候灾难和次生灾害。聚焦生物链、产业链主林草问题的生物研究，因为林草是CO_2的最大吸收者、环境气候最大调节者、次生灾害的最大保护者。根据国情，林草经济在我国是大头戏，将来在全国推广新型农业模式的同时也要大面积发展高效森林农业，通过发展高效森林农业来降低极端气候和灾难。现在频繁的自然灾害、次生灾害严重影响着农业生产的正常进行，有的农民甚至颗粒无收。如何降低人为极端气候进行减灾？如何调优遍地都是的松树、杉树、杨树和灌木杂草，做到适地适林适草？降低人为极端气候是巨大农业资产能否成为金融市场产品的有效保障措施之一。当前已不能单靠年年给农民买保险来解决频繁的自然灾害问题，而是应当果断出击，按照自然规律来修复生态，从源头上降低极端气候和灾害。

（四）积极发挥和利用生物多样性和特异功能

破解农业系统问题，建议发挥和利用生物多样性和特异功能来破解最难、最复杂的农业生态系统难题和农民社会群体问题。通过人脑智能化，实现生物智能化、生态化，遵循生物规律，利用生物技术把人类发展最大的需求与自然生态的友好结合起来，实现永续循环利用。创新绿色、高效、洁净农业技术和模式解放农村生产力，让巨大的农业资产成为金融产品走向市场，必须先解决银行的后顾之忧和各种风险。

（五）建设多种新型模式的国家生态农业综合标准化体系

农业要有标准，加快多种新型模式的国家生态农业综合标准化体系建设。我

们历时13年完成了新型茶园模式三产融合的国家生态农业综合标准化体系建设，农业大国在新型模式下不能没有大宗农产品国家生态农业综合标准化体系，如何创建多种新型模式的国家生态农业综合标准化体系，为下一步巨大的农村资产变成金融产品并走向市场提供科学依据和融资标准？

（六）解决融资难问题

巨大的农业生物资产、农村土地资产、小产权房屋一直是"僵尸资产"，天天喊脱贫，但这些资产却躺着睡觉，实属"拿着金饭碗要饭"，穷也政策，富也政策。我国76亿亩山区草原的面积是耕地的4倍，大面积的公益林只是生态保护林，不能用于抵押贷款。不搞乔灌草结构调优、调顺、调好实现生态与经济双赢让林草富民，却让农民从此背井离乡、"妻离子散"外出打工，穷也生态，富也生态。我们必须解放思想，消除对农业资产的偏见，自然灾害是可以论次数的。我们完全可以通过新型农业模式选择既能保护生态、又有多种叶果收入的组合苗木打开山区草原土地巨大的升值空间，把亿万吨转基因粮棉油和饲料的大市场交给农民，通过创建国家生态农业综合标准化体系，建立像房地产那样的金融借贷体系、评估体系、保险保障体系，政府相关部门应当为银行提供一整套信贷科学依据和法律支撑，以此解决银行的后顾之忧，从而一举解决农业融资难问题和就业问题。

（七）改革政府体制机制

体制机制要创新，改革与新型农业模式、新型经营主体、三产高效融合等不配套的政府体制机制。中央已经制定14个一号文件，尽快改革与新形势政策方针不相适应的政府体制机制，加快政府职能和方式的转变，形成一套自上而下能够运用自如、贯穿"最后1公里"的组合拳，形成"三农"问题系统解决方案的体制机制，以免人为造成巨大的农业资产不能成为金融产品、不能走向市场化的问题，从而人为激化和造成社会突出的矛盾以及就业、食品安全、农民增收难、面源污染严重等突出问题。

四、其他相关问题

（一）土地流转后存在的问题

我们是应该先进行土地登记后流转，还是先创建新型绿色、高效农业模式实验区、展示区做给农民看？然后参照亩产收入达到5 000～10 000元甚至以上的新型高效农业模式进行土地估值、规模流转，而不是按照现行低效、落后的农业模式进行土地廉价流转，否则又将是一次继城市房地产廉价征地后对农民利益的又一次不公平、不合理的侵占，只能是让失去土地的农民更穷。实践证明，农业的老路走不通，农民不愿干，必须通过新型模式激活农村资产的融资渠道，加快农民脱贫致富。那么，政府如何在新型高效模式下进行农村土地流转？

（二）体制机制创新问题

我们利用生物多样性解决了农业系统的许多难题，但同时也带来许多新兴农林战略产业，这些农产品不在国家新资源食品目录上，没有食品许可认证，无法进入市场，特别是云、贵、川少数民族地区的地方特色产品，包括许多民间独特的药方偏方都有可能会失传……它们至今还"未经许可"。建议简化食品、保健品、药品认证手续、门槛，降低高额费用，由国家发展改革委立项，设立国家年计划"新资源食品"新科目扶植资金，每年由财政拨款专项资金支持，"新资源食品"属于国家资源，应该由国家出钱进行新资源认证和知识产权保护，让具有民族特色的一花、一草、一木都有可能做大，成为我国东西南北中各地区的特色产业，成为农民脱贫致富的一条新路子，一个药方、一张偏方都是我们中华名族的瑰宝。如何简化新资源食品认证手续、门槛？如何降低高额费用？这是摆在我们面前的一大问题。

（三）体制机制不配套问题

国家实行三产融合，但对三产的环评是分离的，每个循环环节都要做环评。那么，从事三产融合的企业可能要做十几个环评报告，而且分支机构、派生社会组织太多。这会使企业浪费很多时间、精力、人力、物力、财力才能办成。另外，新办企业涉及部门太多，手续烦琐、走程序时间太长，把企业搞得筋疲力尽、苦不堪言。还有，新型经营主体的经营用地如何在土地流转过程中进行配套解决？现在只进行土地流转，不配套解决新型经营主体的经营用地问题，企业如何经营？此种情况不一一列举。因此，必须加快政府体制机制创新、职能和方式的转变、配套，这样才能与时俱进，才能保障国家新的政策方针的执行落地，才能适应新形势的变化和新要求，聚焦新动能、新业态。

（四）思想观念转变问题

如果具备以上条件，从事农业的新型经营主体仍不能长期融资，这是社会对农民最大的不公，农业资产难道不是资产吗？我们这么多年一直在无偿使用、享受林农创造的优质空气和绿水青山，为社会免费吸收碳排放，大面积承包的公益林为什么不能有条件地进行抵押？我们每天吃的、喝的、用的不是用钱买来的！而这些生物资产为什么不能融资？解放思想，不要让农村资产长期成为不能解放农村生产力的"僵尸资产"，农业资产融资难问题不要成为科技创新和我国农业发展的政治和体制的障碍。

第二节　我国农业近代史上的四次重大变革

围绕农业系统难题，首先回顾一下我国农业近代史。在农业近代史的几次变革中，最终解决农业困境的方法都很简单，都是通过"几个字"就把问题解决了，而且都符合民意。

一、土地革命

第一次重大变革是四个字——"土地革命"。第二次国内革命战争时期，中国共产党在根据地开展打土豪、分田地、废除封建剥削和债务，满足农民土地要求的革命。土地革命使广大贫雇农政治上翻了身，经济上分到土地，生活上得到保证。通过轰轰烈烈的农民土地运动，彻底消灭了封建剥削制度，结束了中国社会的封建半封建性质，土地由剥削阶级所有转为归农民所有，实现了"耕者有其田"的目标，解决了民主革命时期留下的最大问题，同时也有力激发了农民劳动的积极性，大大解放了农业生产力，使农业生产迅速得到恢复和发展。

二、土地承包制

第二次重大变革是五个字——"土地承包制"。在大集体、大锅饭、大家吃不饱的情况下，小岗村农民发起了席卷全国的土地承包制。这次改革，将土地产权分为所有权和经营权。所有权归集体，经营权则由集体经济组织按户均分包给农户自主经营，集体经济组织负责承包合同履行的监督、公共设施的统一安排、使用和调度，土地调整和分配，从而形成了有统有分、统分结合的双层经营体制。土地承包制的推行，纠正了长期存在的管理高度集中和经营方式过分单调的弊端，大大提高了农民的生产积极性，较好发挥了劳动和土地的潜力，解决了农民的温饱问题。

三、民工潮

第三次重大变革是三个字——"民工潮"。在实行承包制后的几十年里，虽然解决了农民的温饱问题，但有限的土地上富余劳动力越来越多。由于缺少创新，一直延续传统低效的农业模式，我国农民长期贫困，无法养活一家老小。一部分不满现状的农民背起行囊，离开家乡，走天涯、闯天下。民工潮的奔涌是劳动力的自发调节和平衡，其实质是农民离开土地的反贫困运动。

四、多功能大循环农业

第四次重大变革是多功能大循环农业，这是对国土进行高质量改造或者称为生物绿色革命。这次变革与以往变革的最大区别是，实现农业向绿色、高效、循环转型。一是要完成顶层设计；二是创新型农业模式，开创多功能大循环农业，通过三产融合的大循环农业彻底解决农药、化肥、废弃物等一系列污染问题，最大限度地提高国土资源利用率和产出率；三是宏观调整种植结构方面，通过发展高效森林农业，强化北方旱区粮区蓄水、保水、造水、防沙功能，解决18亿亩耕地水资源短缺问题，利用76亿亩山区草原发展木本草本粮棉油代替转基因食品、饲料、棉花等，实现我国农业总体安全，依靠我国人民自己来解决吃饭穿衣问题，决不受制于人。原始文明向生态文明的发展过程如下图所示。

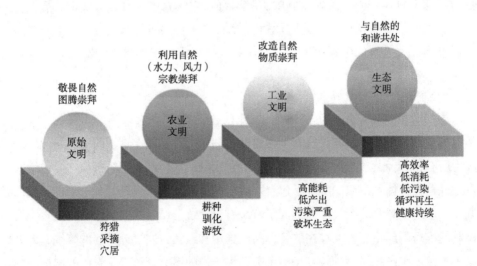

图　原始文明向生态文明的发展过程

第三节 经验启示：多维生态农业的战略地位

一、农业系统问题的两大交叉点

21世纪具有革命性、创造性，直奔解决问题的交叉点。农业系统问题的两大交叉点，一是复杂的农业生态系统难题突破口，即林草问题；二是我国农业陷入多重困境系统问题突破口，即多功能大循环农业。由此笔者认为，第四次农业变革通过完成多功能大循环农业，实现农业人工智能+生物功能=生物智能化农业，将传统单一农业转变为复合式农业、多维生态农业，通过科技创新创造农业新方法、新技术、新模式，解放农村土地生产力。

以4.5亿亩山区水田新型绿色农业模式变革为例。其国家发明专利申请号为201710581622.1《一种多维生态稻田的种植养殖模式》。通过稻—鳖—鱼—虾—药草或稻—蛙—鳅鱼—草菜的立体混合种养模式，解决稻田农药、化肥、除草剂、农民增收难等一系列问题。利用稻田养甲鱼吃虫，在甲鱼防逃栏、防天敌网内种植菖蒲，配置中草药杀虫，不使用农药；利用甲鱼天天爬行让农民不用耘田除草；利用甲鱼吃得多、排泄得多的生物功能，让农民不用施肥；利用龙虾给甲鱼做环保，龙虾的壳是甲鱼的饵料，不污染水源；为了多养甲鱼，在稻田环形沟放养鲫鱼，给甲鱼喂食，为了给鲫鱼创造良好环境和繁育后代，在环形沟种植茭白或芦苇；在稻子收割后种植油菜和紫花苜蓿[①]，油菜杆和紫花苜蓿通过转化还田增肥……构成稻田小生态系统中的多物种、多级能量的高级平衡，使亩产收入达到1万～5万元甚至以上。利用生物帮农民干活，农民省钱、省工、省肥、省药、省力，农民不用花钱买农药、化肥、饲料、除草剂等，而且还能获得甲鱼、鲫鱼、龙虾、稻米、菜籽油等多项绿色有机食品的收入，推广这样的稻田我国山区农民还会贫困吗？！

关键是如何按照新型稻田模式配套种植、养殖、生产、加工、土地、实验区、农业园、金融、人才培训等一系列政策方针，因为单一稻田变成人工生态系统的稻田，新型农民要掌握其中多种生物的种植养殖技术，稻田多种鲜产品要有加工厂配套（农业园），多种废弃物在农业园能够进行"五化"处理，即饲料

---

① 紫花苜蓿又称红花草、紫云英。该植物富含硒，硒在第二年被种植的水稻所以吸收

化、肥料化、能源化、基料化、原料化，国家供给侧改革如何按照新模式调整多种产品的供需市场等要素问题进行考虑？

二、多维生态农业的战略地位

近年来，人为造成的频繁极端气候、自然灾害、次生灾害日益严重，特别是2015年、2016年的久旱不雨、倒春寒、洪涝泛滥、冰雹、雾霾、台风、海啸、泥石流等灾害与气候，2017年更是愈演愈烈，甚至超过历纪录，已严重影响到农业生产，有的农民减收甚至颗粒无收，因此必须尽快修复生态。另外，农药、化肥、塑料、激素等非自然物质以及工业、农业废弃物排放严重污染了土地、空气、水，开始威胁到人类的食品和环境安全，迫切需要解决面源污染、土地污染问题。传统、落后、单一的农业模式和化学农业方法无法解决农业系统难题，农业各项生产成本越来越高，还有农民增收难等问题引发的民工潮导致城市交通拥堵、环境容量超载等一系列"三农"问题和城乡矛盾日益突出，这些问题将长期困扰和阻碍我国农业的绿色、可持续发展。

本著作权通过创新一种多维生物组合技术和方法，形成多功能农业，以此破解复杂的生态系统难题，解决最大的社会群体——农民的问题以及人民群众最关心的食品安全问题、农民增收难问题、市场需求平衡问题、农民群体消费问题，等等。这些问题还关系到实体经济生产成本、社会就业、社会稳定、人类生存环境、城市交通拥堵等重大民生突出问题，形成一个关于农业问题的系统解决方案。因此本著作权意义非常重大。

为了解决农业经济、生态、社会系统难题与多学科问题，我们曾经采取过一些措施和办法。我国人多耕地少，以前为了发展农业生产、解决几亿人吃饭问题，以"农业学大寨"为典型，毁林开荒，结果水土流失、生物多样性减少、生态破坏，由此导致长江大水、黄河断流；后来，为了保护生态，采取退耕还林、公益林保护、生态补偿等保护措施和政策进行生态修复，种植了很多松树、杉树、杨树以及封山育林产生的次生林和灌木杂草，结果是大面积山区的农民无法靠山吃山、靠水吃水，引发了汹涌的民工潮；以上两种办法都无法做到经济与生态的双赢。之后，在全国农村搞土地承包制，这是思想上的一次大解放，但在传统落后的模式下，仅依靠土地承包制来提高农民劳动生产的积极性，这样只能解决温饱问题；至今，中央已陆续出台13个一号文件，在很多方面采取了许多有力措施，但始终没有采用经济、生态、社会以及多学科领域的系统工程方法和大农业战略思考去解决"三农"问题，再加上自然灾害、气候、环境、生物等动态变化因素，农业问题变得越加复杂，至今一直延续着落后的农业模式和化学农业方法。期间，也向国外学习先进技术和经验，利用转基因技术、抗生素、除草剂、农药、大棚、薄膜、测土配方等来解决病虫害和环境气候问题，但又产生了许多新问题。目前我国正在实行土地规模化流转，今后会产生一定的规模化、机械化效益，但与国外先进的技术、农业装备、国家财团意志、特优惠的补贴政策等许多条件相比，其间较大的差距会导致我国农产品缺乏市场竞争力。我国农业已经到了一个重要的转型关口，迫切需要通过科学技术创新来解放农村生产力，通过多维生物组合技术和方法促进经济效益、生态效益、社会效益三大效益同时提升，引发农业从量变到质变，使农村发生翻天覆地的巨变，修复生态，降低极端气候灾害，完成国土高质量改造，实现农业向绿色、高效和可持续方向发展。

农业属于系统难题，必须采用系统办法解决，本著作权利用生物功能和生物交互作用形成解决农业系统问题的多维，通过多维生物组合技术，创新多种新型农业模式，将农业循环到底，完成三产融合，创建多功能大循环农业。

第三章 系统解决我国农业问题的多维生态方案探索

首先，生物技术创新是农业发展的第一动力，其次，通过土地确权实现规模化经营，通过新型农业模式大幅提高农村资源产出率，提高新型农民发展农业生产的积极性，再通过完成顶层设计和政府体制机制创新，围绕能够解放农村生产力的新型模式配套改革实验区、制度、金融、市场、资源配置、法律法规等要素的支持。本章第一节阐述林草经济是山区草原最大的绿色经济，第二节阐述乡村经济发展的多功能大循环农业思路，第三节是土地确权问题，第四节介绍农业新方法、新技术、新模式，第五节是农业问题的顶层设计和重大决策。这五节内容共同构成农业问题的系统解决方案，在全国各地掀起建设一个个具有地方特色的中国农业园，创建与田间综合体相配套的三产融合农业园——中国高质量农业的升级版。

第一节 林草经济是山区草原最大的绿色经济

我国多山、多草原的国情非常适合发展林草经济。林草经济是发展76亿亩山区草原最大的绿色经济，与我国18亿亩耕地构成一个个大大小小的林区、牧区、粮区、水区农林牧副渔业全面可持续发展的大农业循环体系，这完全符合习近平总书记提出的"绿水青山就是金山银山"的科学论断。

一、林草经济的特征

通过多维寻找31个农业系统难题和7个农业最关键问题的最大交叉点——林草问题。通过运用系统工程的方法进行研究、分析和总结，对以上31个主要"三农"问题从交叉思维、发散思维、自然思维等角度进行思考，发现这些问题最大的交叉点是林草问题。抓住林草这一主要矛盾，聚焦林草问题生物研究，其实就是抓住农业全生物链、全产业链的链主，这样才能提纲挈领，纲举目张。这是因为林草经济具有以下6个重要特征。

（1）林草是人类和动物赖以生存和发展的物质基础和环境基础，优化林草结构、品种，借助其赖以生存的生物功能，可以创造良好的生存环境和生产更多的绿色安全食品。

（2）林草是适合我国76亿亩山区草原国情的最大绿色经济，国土种植林草的面积最大，农民群体种植的最多，优化林草结构可以富民，可以让大面积地区和农民受益，优化林草可以替代亿万吨转基因粮棉油和饲料，创造巨大的农林产品市场。

（3）林草是极端气候的最大调节者、温室气体的最大吸收者，次生灾害保护者。林草败，穷山恶水灾害多；林草兴，牛羊成群地肥粮多。通过优化林草生物多样性、创造一定环境条件，可以治理沙漠化、石漠化、荒漠化；林草的碳氧转化吸收、蓄水保水能力极强，优化林草可以修复生态，降低自然、次生灾害。

（4）林草是生物链、产业链链主，在复杂、动态的生物、气候、环境等诸多变化因素中有相对稳定性，聚焦林草问题利于对农业系统问题的产、学、研研究等。

（5）林草具有生物多样性，能驱虫、杀虫、引虫吃虫、能抑制草生长、吸收有害气体、中草药治虫、H离子活化水防菌、创建室内外生态植物，通过这些生物方法实现农业绿色发展。

（6）林草通过驯化、改良、嫁接、变异等手段形成许多适应不同地区、气候、环境生长的优良新品种，优化结构。例如，优选高秆大苗上山、木瓜芽变、救心草等植物品种。

由于林草能够带来绿水青山、金山银山，林草涉及生态保护、能够降低自然灾害、调节气候、降低温室效应、促进农民收入、减少农药化肥使用、产生大量饲料发展养殖业，把最难、最复杂的"三农"问题简单化为林草问题，再把林草问题通过生物生态化、智能化、系统化、工业化产生多维生物，实现人与自然生态的友好，人与动物、植物、微生物发展的平衡，也就是把人的各种主观需求与遵循自然规律结合起来，形成新的、更高级的平衡和永续循环利用。

二、霞溪生态农业园的经验

以霞溪生态农业园为例。霞溪生态农业园距离黄山市中心20km，距离休宁县城9km，距离四大道教圣地齐云山13km，占地面积699亩，其中山场面积546亩，耕地面积153亩。农业园除山场本地植物品种3 000多种以外，还从国内外引进外来植物品种400多种，其中1株开出多种多样的彩色植物32种。农业园创建多维生态稻田、多维生态果园、多维生态羊圈、多维生态库塘、多维生态茶园、植物防火林带等各种各样的新型农业模式展示区，还有一座60万m³小型水库，种植各种食用花卉、中草药治虫植物、国家一类珍稀树种、鸡鸭鹅家禽等。农业园有小型吃、住、行和旅游观光接待。该园区采用的多维生态农业模式具有很强的知识性、趣味性和广谱性。

霞溪生态农业园的经验表明，大苗进村是加快新农村建设的新思维、新方法。本部分内容选自2008年9月24日中国农业信息网，作者系原农业部副部长石山。

（一）实地观察所得

2008年8月24—29日，石山到黄山市休宁县参观考察。25—27日重点考察霞溪生态农业园，在园内住2宿，看了2天半，还看了种苗地。石山边看、边听、边问，弄清了建园5余年来的工作成果。该园共经营育苗基地340亩，另有荒山1 092亩①，引进201种乔灌草品种，都是优良品种，其中果树76种，木本油料树10多种，生态品种10多种，建设生态庭院用的30多种，室内生态环保植物23种，生物土农药若干种，珍稀树种和濒危树种也有一批。令人意想不到的是，世界上最香的植物桂花、产花量最大的木槿、营养价值最多和最全的明日叶、亩产万余斤的中国木瓜、20多个果桑品种、对"三高"人群有益的救心草、做植物纤维布料较好的彩色植物都被引进并规模繁殖。这里聚集了国内最优良的品种，为了搜集这些品种，霞溪生态农业园负责人陈光辉5余年来跑遍了全国各地，十分辛苦，员工们说："陈老板头上的白发比以前多了。"

霞溪生态农业园负责人陈光辉今年才43岁。原来做茶叶出口生意，号称茶王，挣了不少钱，生活十分优越。但他不以此自满自足，他想报答茶农，下决心改造茶园以增加茶农收入，思考了多种改造模式，收集有关乔灌草品种，创立了溪霞生态农业园并精心培育。引种是逐年增加的，最早建设的苗圃，乔灌草组装得很好，十分喜人。

石山同志到溪霞生态农业园考察的初衷是茶园改造问题。我国是茶叶的原产地，有1 000多个县、8 000多万茶农从事茶叶生产，茶园面积达2 450万公顷。如果改造后1亩能有3~4亩的收入，对茶农、对国家都是大事好事。更重要的是，我国茶叶要重振雄风，重新进入欧洲市场。

---

① 与人合建果园，已种植一部分，合作者原是陈光辉的雇工，拥有荒山使用权。石山见到了合作者，但未去果园

陈光辉对茶园改造充满信心，2017年春开始着手实施，先改造茶园10多亩，树立样板，逐步推广。休宁县有20万亩茶园，如果改造成功，将对全国茶园改造起到巨大的推动作用。

就全国茶园来说，就不是这样简单了。由于事关8 000多万茶农，关系到我国茶叶业的重新崛起，又是茶园经营模式的创新，应是一项国家级的大项目，要有规划，更要有一笔资金投入，虽然很快可以收回。应该满腔热情地做这件事，决不能因为是民间创造的而轻视或忽视，更不应有门户之见。来自民间的东西由于接近群众生活，往往更具生命力。

我国茶园经营模式陈旧落后，必须尽快改造。石山同志在休宁县参观了一个近千亩的大茶园，这个茶园是别人承包经营的。茶树喜荫，茶园应有一定数量的乔木为之遮盖，但这个茶园里却没有乔木，石山同志当时的心情十分沉重。霞溪生态农业园负责人陈光辉提出要改造茶园，并设想了几种改造模式，这实在是一大创举，不仅应该大力支持，更应该大力推行。当然，想的不一定很完善，更科学的发展规划应是茶叶研究机构的任务。

（二）园内雇工的启发

住在园内期间，陈光辉利用早晚和休息时间与员工闲谈，听取他们的看法和想法。在一次交谈中，一位雇工说，他家有20多亩荒山，今年冬他准备买一批果树大苗，在荒山上建设一个果园，果树下种植药材等植物。他饶有信心地说，在园内劳动4年，嫁接和修枝、管理等技术都学会了，经营好果园毫无问题。又说，大苗栽培一两年即有收益，与过去开发荒山大不相同。过去不敢干、不愿干的事，现在敢干了。还说，只要我成功了，开发荒山的人就更多了，荒山就成了香饽饽。为什么有这么大的决心和信心呢？他说，我们老板育成了大苗，把最困难的问题都解决了，引种的人可以提前五六年得利。因此，过去不能干的事，现在能干了。他的计划和看法使我们看到了一片新天地。推行大苗，特别是优质大苗进村进山，能帮助农民早日致富，同时又美化环境，这是建设农村、建设山区的一条新路，而且前景十分广阔。过去几年，大树进城的做法破坏了农村，特别是山区，被挖得千疮百孔。现在优质大苗进村进山，可以让农民提前五六年得益，农民的积极性当然会被调动起来。只要大苗供应充足，农村就会兴起一个巨大的建设高潮，我们应把握住这个良机，大力推进这个高潮。

（三）生态农业园是巨大的"预制件工厂"

这位雇工的计划不仅使人思想豁然开朗，也更加丰富了对生态农业园的看法。它不仅是一个优良品种的引种基地，其作用也不仅仅是为改造茶园准备乔灌草多种植物，更重要的，它将是一个巨大的"预制件工厂"。农民购买预制件——各类大苗及灌草组合，可以组装成各种形式的生产基地，形成多种模式的生财之道，可以多渠道致富，不再守着粮田和荒山受穷。农村的各种土地都可以利用起来，扶贫的办法也多了，通过帮助贫困户建设几亩经济林就可以使他们长期生活下去，不用再年年帮扶。农民的自留地、自留山可以更有效地利用起来，残次林改造也将列入工作日程。总之，这里是可以组装成各种生产模式的大苗（包括配套的灌木和草）供应基地，一个神奇的林木配套大工厂，完全可以使农村富起来，可以变荒山荒地为生产基地，使山区富起来。我们过去培养的许多典型与溪霞生态农业园相比，显得黯然失色，不幸沦为观赏性的"花瓶"。

陈光辉说，他打算再租用一些地扩大生态农业园，这个园要供应整个皖南山区及同类地区。他还要集中农村的休闲地和边角地、农户庭院内的土地，建设山区更是他的长项。他还说，林草优化组合是一门大学问，林草兴邦论是十分正确的，但要具体化，各地有不同的优化组合模式。石山说，"我只是出了个题目，而你完成了这篇大文章。陈光辉说："这只是一类地区的小文章，只是皖南山区及其他同类地区的有关问题，就全国来讲，只是很小的一部分。全国不同地区应有不同的内容和不同的组合模式，这是一项十分繁重的任务，要培养多种多样的苗木或乔灌草结合，形成多种组合，并使农民看得懂、用得上、愿意用，要有更多的人来做，建设更多的生态农业园。建设新农村、建设山区是干出来的，但不能乱干，要尊重自然规律，要懂得生物特性和生物间的相互关系，要做成样板，保证育成大苗的供应，群众见到实效就会积极行动起来，一旦他们积极行动，问题就能解决了。"这些话引发了石山更多的思考。

（四）生态农业园的推广应用

全国每一种类型的地区至少在每个省都应有一个类似的霞溪生态农业园，需要集中当地的优良乔灌草品种，满足当地群众发展生产和开发荒山荒坡、改造残次林、低质林的需要。在价格上，应比市场价格便宜一些，让群众买得起。这样的生态农业园越早建成越好。有了它，建设新农村和建设山区的工作就能高质量、大规模地进行。由于大苗进村进山的见效时间将比过去的做法提前五六年，农民的热情就能调动起来，一个新局面就会很快形成。

各省的生态农业园要用多长时间建成？霞溪生态农业园用了5年时间，陈光辉投入了500多万元租用农民的土地，租期20年，亲自到各地选购优良品种带回来进行繁殖，也有一部分品种是专家学者送给他的，他一点一滴积累起来。这个过程十分艰难，没有任何权力可用，至今他还没有向银行贷款的权利。而他终于完成了这件事，现在可以大量供应大苗，而且品种和质量是一流的。如果各省级领导责成有关部门办这件事，不仅有原来的基础，职工是现成的，而且有技术，到各地选择优良品种也极其方便，经费更不成问题。一句话，应该比霞溪生态农业园建设得更快、更好，内容更丰富。关键是要有一位热心于此事的人，要付出巨大的辛劳。实际结果如何，只有让实践来回答，我们拭目以待。

现在的情况是，只要不是中央决定，各省可干可不干，完全凭自己的认识来决定。但是，客观规律不是随意的，到时候哪个农村或山区有优质大苗进村进山，哪个农村或山区就能供应农民建设各种生产基地，这个农村和山区就能提前富起来，农村新局面就能出现。没有这个条件的，只能仍是空喊，农村也只能是老样子。那时，差别就显现出来了，受苦的是当地老百姓，决策者可能已高升或调到别处做官，不负任何责任。

对全国来说，这是关键性的一步棋。看起来是微不足道的小事情，但却是空喊与实干的分水岭。这步棋下对了，新农村建设能提前五六年完成，不仅"三农"问题容易解决，农民也能富起来。建议中央决策部门认真思考并早日决策。

有人说，中央大力抓粮食，你却大谈林草问题，这是公开对着干。笔者认为，有两件事情应该同时进行，而且这两件事情没有任何矛盾。大抓林草建设是富民之策，农民富了，积极性调动起来了，就有力量去抓粮食生产，粮食生产也就上去了。发展林草并不侵占耕地，林茂更有利于粮丰。当前青壮劳力大都出外打工挣钱，"三化"[①]农村是无法把粮食生产抓上去的。只有让农民富起来，部分农民安心在农村发展生产，粮食问题才能解决，以人为本的政府应该这样做。我国是多山国家，又是草原大国，发展林草业是我国的优势，既富民又富国。大苗进村进山是发展林草业的具体措施，是非常重要的一步，而且是一个创造。我们应该尊重客观规律，严格按规律办事。贫困地区的人民已发出"还要我们穷多久？"的责问，必须认真解决富民问题。抗日战争时期，我们党就有先帮助农民

---

① "三化"指的是农业副业化、农民老龄化、农村空心化

解决"救民私粮"、再解决"爱国公粮"的成功经验，这条经验不应忘记。

需要指出的是，抓林与抓粮并不矛盾。林茂粮丰是我国固有的成功经验，从现实情况来看，山东省菏泽市有林茂促粮丰的经验，河南省平原地区林茂的结果是不仅粮丰，而且环境优美，干热风、炎热、风沙等灾害也大大减轻。这些情况在《人民日报》和《光明日报》均有报导，这里不重复述及。反面的例子当然也有，长期在山区毁林开荒、在北方草原毁草原开荒，引发北方草原荒漠化、南方山区石漠化和整个山区严重的水土流失，既毁坏了林草，又不能收获粮食，结果是林败粮无或粮减，这个沉痛的历史教训应牢牢吸取。

（五）林草建设的具体措施——大苗进村进山

首先回忆一些往事：20世纪末至21世纪初大规模实行退耕还林还草工程，我们给农民供应优质苗木了吗？群众用了谁供应的苗木造林呢？年年号召群众植树造林，我们又供应了什么优质苗木呢？年年号召绿化荒山，我们又给群众供应了多少优质苗木呢？为什么群众不利用荒山荒坡致富却去打工呢？我们用钱和其他条件堆起来的新农村建设典型，群众为什么不买账？我们又能堆起多少呢？……应该坦率地承认，我们空喊的太多，而给群众供应的太少，我们"创造"的典型实际上是花架子，对群众没有用处。这种做法再也不能继续下去了，应该彻底改正，还应深深自责。

陈光辉认为，应该牢记我国国情——100亿亩农业用地，除20亿亩农田（现仅存18亿亩）外，其余80亿亩在山区和牧区，我们只能发展林和草，林草建设是我国的立国之本、强国之基，是一篇大文章，绝不能小看。这次提出的大苗进村进山是林草建设的具体措施，其作用是十分巨大的，绝不能小看。

加快建设新农村和建设山区、北方牧区的最有效方法，就是每类地区或每个省建设一个类似霞溪生态农业园的基地，培育本省、本地区农村和山区需要的多品种、优质、乔灌草配套的苗木，实行大苗进村进山，发挥群众的聪明才智，自主建设多种形式的生产基地，发财致富，既优化环境，又使本地区、本省农村到处都风景如画、物产丰富。与过去的做法相比，这样的做法使政府和群众都省力省心、投入少、风险小、见效快，而作用却大不相同。

由于大苗进村进山，群众可以提前五六年得利，其生产热情当然高涨，建设速度当然会快，质量当然也不会差。新产品会大量涌现，只要运输、加工和销售工作跟上，整个社会就会活起来、富起来。这些方面也有一个放手让群众特别是民间能人干的问题。当然有一系列政策性问题需要政府及时解决，如何正确而及时解决是对政府行政能力和工作作风的考验。

我们终于找到了建设新农村、解决"三农"问题和富民的有效方法，简便、实用，投入并不算多。要改变的仅是各级领导的认识和工作方法，群众方面没有阻力，他们始终是清醒的，新创造也不少，早就希望这样干。坚持这样做应该是没有什么问题的。唯愿早日行动起来，新局面早日到来。

三、霞溪生态农业园的特点

面对我国最大的农民群体，最广阔的农村土地，最迫切的生态系统修复，我们需要重新设计多种复合式新型模式，让农民亩收入能够达到5 000～10 000元以上。这样就能知道我国的农业市场有多大，我国的农业潜力有多大。

2015年国产粮棉油329：1 300：326（万吨），进口粮棉油331：6 340：674（万吨），土地4：12：4（亿亩），替代进口粮棉油饲料需新增20亿亩山地，这个市场非常大。参照城市房地产50～70年不变的计算方法，农村土地30年不变，30年×30亿亩土地×亩收入5 000～10 000元以上=激活450万亿～900万亿以上=巨大的农村资产交易市场，而且农村土地能年年造血，我国农业潜力非常巨大，我国目前的GDP总量为82万亿元人民币。

霞溪生态农业园的特点如下表所示。

表　农业绿色变革的显著特点

类别	拟建霞溪农庄改革实验区	小岗村农业改革实验区
创新类型	科技创新：通过生物多维组合技术，解放农村生产力，引发农业发动一场生物绿色革命和土地变革，实现农业质变到量变，再到农村巨变。	解放思想：小岗村发起土地承包制，引发社会思想和制度的重大转变，由大集体变成个人承包，提高了农民生产的积极性，解决了温饱问题。
农业模式	三产融合全生物链、全产业链多功能大循环农业模式，由此形成"三农"问题系统解决方案。	延续落后、低效、单一的农业发展模式和化学农业方法，由此导致了一系列"三农"系统问题。
土地流转方式	土地变革：小变大，土地合作化、规模化、产业化。	土地变革：大变小，小而散，承包单干。
生产方式和质量	复合农业：多物种+生物圈良性循环系统经营，产品既绿色、高产，又优质、安全。	单一农业：单一品种+化学等非自然物质，食品质量安全不能保证。

（续表）

类别	拟建霞溪农庄改革实验区	小岗村农业改革实验区
发展方式差异	向互联网+产业联盟、技术集成、设备组装、标准化制定方面转变，实现农业发展的绿色、高效、循环利用，接近零成本转型。	互联网+发展方式单一，种养微加分离，造成资源浪费，污染严重，生产成本高，农业不可持续发展。
产业化水平	通过大循环农业形成四大新兴产业，即新模式下的技术培训服务业、乔灌草优化装备制造业、循环农业设备装备制造业和新兴农林战略产业。	传统四化农业，即农民老龄化、农村空心化、农业边缘化、城乡两极化。土地承包制提高农民生产积极性，只能解决温饱问题。
三项效益比较	复合效益：通过优化林草富民，符合我国国情特点，形成经济效益+生态效益+社会效益，三者综合效益最大化。	单一效益：经济发展了，但生态破坏了，生态保护了，但农民贫困了。无法实现经济、生态、社会效益的三者共赢。

第二节　多功能大循环农业是乡村振兴的重要途径

习总书记在十九大报告中明确提出"实施乡村振兴战略"。我们党历来重视"三农"问题，历来把解决好"三农"问题作为全党工作的重中之重。特别是近十几年来，中共中央每年都就"三农"问题发布中央一号文件，可见党和国家对"三农"问题的高度重视，从而使广大农村发生了翻天覆地的变化。党的十九大提出要促进新型工业化、信息化、城镇化、农业现代化同步发展，但与新型工业化、信息化、城镇化相比，农业现代化却是一个短板，还存在不少问题，而党的十九大报告将"实施乡村振兴战略"作为"贯彻新发展理念，建设现代经济体系"中要优先发展的战略提出来，这在我们党的历史上还是第一次。这是一个开放的复杂系统，涉及生产力和生产关系、经济基础和上层建筑、政策和法制、体制和机制，还涉及生产发展、生活富裕、生态良好的协同发展，以及人与自然的和谐共生等多方面、多层次的关系。我们要以习近平新时代中国特色社会主义思想为根本指导，全面认真地贯彻这一战略，使广大乡村加快补上"三农"的短板，从根本上解决"三农"的一系列难题，极大地推动农业农村现代化，跟上其他"三化"[①]的步伐，为建设美丽中国，实现全国的"四化同步"发挥巨大作

---

① "三化"指的是工业化、信息化、城镇化

用。笔者认为，发展多功能大循环农业是在广大农村推进"大众创业，万众创新"的一个重要方面，是实施"乡村振兴战略"的重要途径之一。

一、多功能大循环农业思想形成的过程

安徽省循环经济研究院院长季昆森同志是循环经济的代表人物，他提出了多功能大循环农业，他说："提出这个概念不是心血来潮，需要经历一个长期实践和思考积累的过程。"

1998年7月15日，季昆森同志在安徽省可持续发展行动纲领专家论证会上提出，"安徽要注重研究和发展循环经济"，同时提出"生态循环农业就是循环经济在农业上的运用""不仅要保证农产品的有效供给，还要强调农产品的安全性，发展安全食品。"

1998年9月，季昆森同志针对当时农业和农村发展现状，提出"要从6个需求入手，调整农村产业结构。6个需求是基本需求、特殊需求、发展需求、变化需求、加工需求、安全需求。"

1999年6月，安徽省人大制定《农业生态环境保护条例》时，采纳了季昆森同志的建议。最早将"提高农产品的安全性，递减化肥用量""科学合理使用农药""严禁生产、销售、使用高毒高残留农药"纳入全国地方立法。

2000年10月11日，季昆森同志在国家农业部与人力资源社会保障部联合举办的"WTO规则下外贸茶叶农残问题专题研修班"上提出，"把发展有机安全茶与名优茶结合起来"，"要发展有机、优质、特色、功能农产品"。

2001年2月，季昆森同志到法国、荷兰考察农业和畜牧业。在法国看到宣传材料里提及"多功能农业时代"。回国后，他在出访报告中写道，"要适应多功能农业时代发展新形势，从单一农业生产功能向经济、文化、旅游等多功能转变，全面提高农业和农村经济整体素质和效益，走可持续发展道路，参与国际市场的竞争，积极提高农业的竞争力。"

2004年4月29日，季昆森同志在黄山生态市建设动员大会上作《循环经济在农业上的运用大有可为》的报告，将4R原则即减量化（Reduce）、再循环（Recycle）、再利用（Reuse）、再思考（Rethink）的行为原则运用到农业中。减量化原则具体是"九节一减"，即节地、节水、节肥、节药、节种、节电、节油、节煤、节粮、减少从事一产的农民；再利用原则具体是农产品及其副产品的深加工；再循环原则具体是农业废弃物利用微生物技术发展沼气、食用菌产业

等；再思考原则具体是经营生态环境和开发优质有机农产品。

2005年1月5日《农民日报》、2005年7月30日《人民日报》发表了季昆森同志撰写的《循环经济在农业上的应用》一文，阐明了循环经济运用于农业的首要目标是"九节一减"，开发利用微生物资源是一条新出路。

2005年11月28日，汪洋副总理对季昆森同志撰写的《加快发展循环经济，建设资源节约型和环境友好型农业》一文做了重要批示，"昆森同志长期致力于循环经济研究，颇有建树。其提出的'多功能大循环农业'的观点，富有建设性，请锡文、长赋同志研酌"。

根据汪洋副总理的重要批示，2006年中央一号文件专门撰写了第10条"加快发展循环农业"。该部分采纳了季昆森同志提出的"九节一减"中的前七"节"。中共中央2007年、2008年、2010年、2012年分别对4个一号文件再次强调要加快发展循环农业。这对全国从事循环经济，特别是循环农业理论和实践工作者更是莫大的鼓舞。

2006年1月10日，季昆森同志在六安市霍山县调研时提出，建设社会主义新农村要做很多工作，其中一个重要方面就是要大力发展循环经济和服务经济，特别要围绕产前、产中、产后，发展农村生产性服务业，即"第一产业的第三产业化"。

2006年8月29日，季昆森同志在阜阳市临泉县调研时将创意经济概括为四句话："发掘深厚文化底蕴，运用先进科技手段，融入新奇怪特创意，创造巨大财富价值。"创意是核心，文化是启发创意的重要依据，科技是实现创意的重要手段，三者有机结合必将创造巨大财富价值。

2010年7月，安徽省循环经济研究院受国家发展改革委委托，代拟《关于加快发展循环农业的意见》，提出循环农业是现代农业的重要组成部分。现代循环农业不仅是种养业的循环，还应是种植业、养殖业、微生物产业之间的良性循环；不仅是第一产业的循环，还应是三产融合的循环。

2013年7月20日，季昆森同志在生态文明（贵阳）国际论坛上提出，循环农林业是生态文明建设的根基、源头和重要基础。

十二届全国人大代表、黄山市多维生物有限公司董事长陈光辉多年探索研究山区经济，反复运用自然界和生物界相生相克、相得益彰的原理，破解山区生态遭受破坏、环境遭受污染的诸多难题，使当地群众获益颇多，主要成效可概括为：治理了水土流失；涵养了水源；抑制了杂草丛生；通过植物引虫驱虫杀虫吃虫的原理，抑制消灭茶园中的病虫害；茶叶吸附性强，吸收茶园中的果香花香草香提升了品质；对茶园中多种鲜产品加工后产生的废弃物、污染物化害为利，变废为宝；提高了资源产出率；扩大了劳动就业；增加了农民收入；优化了生态环境，促进了产业结构调整。

陈光辉与季昆森多次进行思想交流，说要搞"大农业循环"。2013年5月5—7日，季昆森同志组织安徽省循环经济研究院负责同志和特邀专家、相关领域先进典型人物到多维生物有限公司进行现场调研。根据10余年来从事循环经济理论与实践工作的经验，季昆森同志反复思考后体悟到，生态经济系统联动循环发展的整体效益远远超过单个环节循环发展的效益，为此，季昆森同志将"大农业循环"优化为"多功能大循环农业"。他提出，要对安徽省各地各类循环农业先进典型进行优选，并集成、组装、配套，这样不仅可以解决上述问题，还可将循环农业提升到一个突破性的新阶段，大幅度提高经济效益、社会效益、生态效益和市场竞争力[①]。

二、多功能大循环农业理论概述

为了直观形象地说明什么是"多功能大循环农业"，季昆森同志先后画了3个示意图。多功能大循环农业基本内涵如图3-1所示，县域（或较大农业示范区内）发展多功能大循环农业的实施路径如图3-2所示，在一个循环农业典型企业中全面实施种、养、微、加、销、游六大产业实际运行的循环如图3-3所示。

（一）多功能大循环农业的关键要义

图3-1中，大、中、小15个圆圈形象地说明了多功能大循环农业。第1层是最外围的大圆圈，代表整体联动的大循环；第2层是6个中圆圈，分别代表种植业、养殖业、微生物产业、加工业、营销业、旅游业；第3层是中圆圈，起着承前启后的链接作用；第4层是6个小圆圈，分别代表循环经济、创意经济、服务经济、科技、文化、金融；第5层是位于中心的一个小圆圈，代表信息。大、中、小圆圈之间环环相切、环环相连、环环相通，起到了互联互动、融合放大的效应。

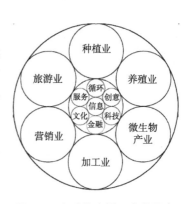

图3-1 多功能大循环农业示意

---

① 此部分论述详见季昆森撰写的《我研究和实践循环农业的八个阶段》

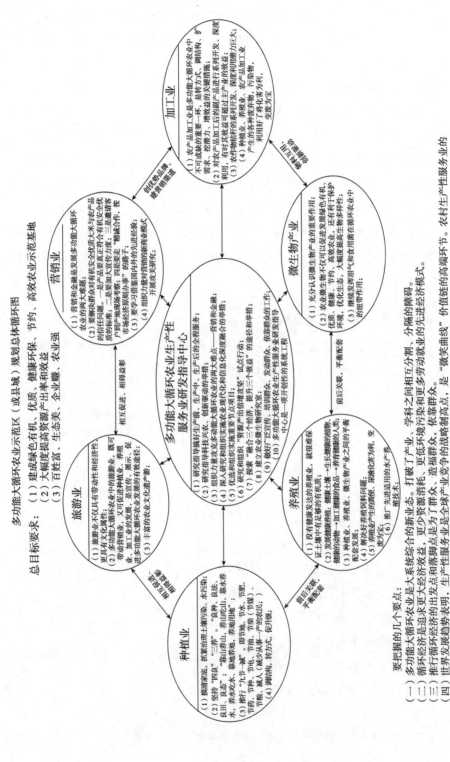

图3-2　多功能大循环农业示范区规划总体循环

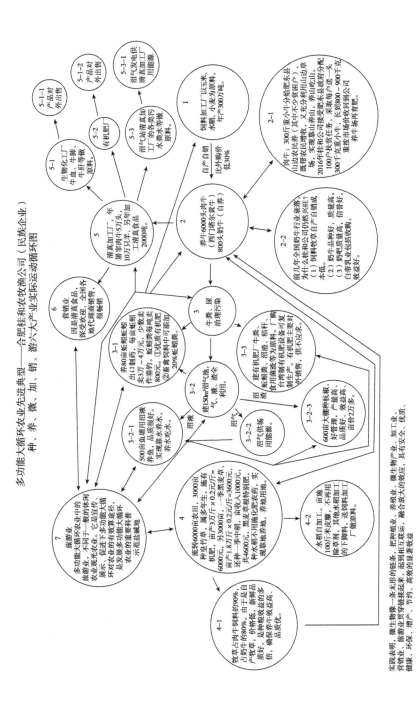

多功能大循环农业先进典型——合肥桂和牧渔公司（民族企业）种、养、微、加、销、游六大产业实际运动循环图

图3-3　多功能大循环农业先进典型实际运行循环

指导单位：安徽省循环经济研究会　安徽省循环经济研究院

从上面循环示图可看出，由于大循环（产业）多，可直接解决几百人劳动就业。王桂和说，还可以应对市场变化和风险，东方不亮西方亮，黑了北方有南方，正如俗话所说，风水轮流转，确保企业实现安全、优质、高产、高效。桂和公司新典型还表明可实现多功能大循环农业的九大功能、十大效益。

实践表明，微生物业一条无形的链条，把种业、养殖业、微生物产业、加工业、营销业、旅游业贯穿链接起来，起到相互联结，融合放大的效应，具有安全、优质、健康、环保、增产、节约、高效的最佳综合竞赛效益。

（二）多功能大循环农业的出发点和落脚点

多功能大循环农业的出发点和落脚点：一是"减少化肥、减少农药"；二是走"产出高效、产品安全、资源节约、环境友好"的农业现代化道路；三是实现"创新、协调、绿色、开放、共享"五大新发展理念。

多功能大循环农业是落实习总书记上述三个方面新理念、新思想、新战略的治本之策、有效途径和综合性方案。习总书记多次强调要"开发农业多种功能"，在2016年中央经济工作会议上再次明确指出，"要向开发农业多种功能要潜力，发挥三产融合发展的乘数效应"。

（三）多功能大循环农业的宗旨和意义

多功能大循环农业既是理论更是实践，不是哗众取宠，不是提出一个新名词、新概念，而是要通过实施这种新模式，达到大幅度提高资源产出率和综合效益，实现百姓富、生态美、企业赚、农业强，其宗旨可概括为实践性、原创性、系统性、适应性、多效性、复制性。

多功能大循环农业是建设生态文明的有效途径，是治理农村面源污染的治本之策。它突出了生态环保、绿色有机、健康安全、节约高效、创意创新、民生之本，这6个"突出"体现了习总书记提出的"要以供给侧结构性改革作为主攻方向"的重要思想。

（四）多功能大循环农业的特点和作用

多功能大循环农业跨度大、创新大。钱学森教授说过，我们掌握的学科"跨度越大，创新程度也越大。而这里的障碍是人们习惯中的部门分割、分隔、打不通。而大成智慧学却教我们总揽全局，洞察关系，促使我们突破障碍，从而做到大跨度的触类旁通，完成创新"。多功能大循环农业的思路符合钱学森教授的思想，它不同于一般的农业，不同于一般的循环农业、生态农业，也不同于六次产业，但又不是脱离上述不同形态的农业凭空臆造出来的，而是在上述基础上不断引深和拓展。它是大系统综合的新业态，是跨产业、跨学科的新模式，是重要的战略性新兴产业。

对种植业、养殖业、加工业系统和农村生活系统中产生的废弃物、污染物不断化害为利、变废为宝，实行循环链接，充分发挥高效有益微生物的作用，这不仅能治理土壤污染，还可激活土壤活力，使其成为一个健康的生命体，促进粮食和食用农产品的安全、优质、健康和美味；不仅能保护和优化绿水青山，还可创造金山银山，具有民生之本、生态之根、健康之源的重要作用。因此，多功能大循环农业是落实习总书记提出的"绿水青山就是金山银山"科学论断的有效实现形式。

（五）多功能大循环农业的功能和效应

多功能大循环农业具有九大功能、十大效应。九大功能是经济、社会、生态、环保、文化、旅游、节约、高效、健康。十大效应是不断化害为利、变废为宝，不断降低生产成本，不断减少环境污染，不断优化生态环境，不断扩大劳动就业，不断增加农民收入，不断提高资源产出率，不断提升农业的整体效益和竞争力，不断破解发展中的难题，不断有所创新。

三、多功能大循环农业实践——安徽案例

在安徽，多功能大循环农业发展中涌现出一些典型，实践表明，种、养、微、加、销、游各产业在市场变化中具有"东方不亮西方亮""黑了北方有南方"的特点，即俗话所说的"风水轮流转"，应对风险的能力非常强。可以看出，多功能大循环农业适应面广、可操作性强，在不同地方、不同地形、不同规模、不同产业、不同品种都可以适用。

在多年研究和推行循环经济的实践中，笔者发现了一个规律，就是一些典型的成功不单纯是推行循环经济的结果，而是循环经济、创意经济、服务经济融合发展的作用。多功能大循环农业具有将循环链、价值链、创新链、生物链四链合一，融合发展的效应。坚持"以循环经济为原则，以创意经济为引擎，以服务经济为纽带，以科学技术为支撑，以政策机制为保障"，必将实现三个效益的共赢与提升。

四、各级领导对多功能大循环农业的高度重视和充分肯定

2014年3月9日，习总书记参加安徽代表团听了全国人大代表审议政府工作报告时，听了全国人大代表、黄山市多维生物集团董事长陈光辉汇报发展多功能大循环农业的情况，非常高兴地说，"这种模式值得好好总结，逐步推广"。

2014年9月12日，李克强总理将季昆森撰写的《多功能大循环农业》与《提高资源产出率》两篇文章批示给国家发改委，请振华同志阅。国家发改委与农业部于2014年11月19—21日，在安徽阜阳市召开全国首次农业循环经济现场会。会议强调，构建多功能大循环农业体系是拓宽农业增值空间、增加农业整体效益、推进农业结构调整、提高农产品国际竞争力的重要手段，也是未来农业循环经济的主要发展方向。

2017年12月7日，李克强总理对季昆森撰写的《实施乡村振兴战略的一个重要途径——发展多功能大循环农业》一文又作了重要批示，请长赋同志阅，并送财政部肖捷部长、国务院常务副秘书长丁学东、副秘书长江泽林阅。

2014年11月28日，汪洋副总理对季昆森撰写的《多功能大循环农业前途无量》一文批示："昆森同志长期致力于循环经济研究，颇有建树，其提出的'发展多功能大循环农业'的观点，富有建设性。请锡文、长赋同志研酌。"

2015年6月24日，陈敏尔（时任贵州省长、现任中共中央政治局委员、重庆市委书记）在季昆森同志撰写的《多功能大循环农业前途无量》一文上作出批示："季昆森同志研究成果很丰富。此件请运坤同志阅研。"

2014年4月29日，全国人大原副委员长、原中科院院长、两院院士路甬祥对《多功能大循环农业》一文作出重要批示："昆森同志，多功能大循环农业很有新意并大有可为，可以进一步梳理，搞一篇理论联系实际的文章，在有影响的刊物上发表，拓展影响。另外，可在一些农业大县试点推开，做出示范，还可以组织相关企业形成循环农业产业联盟。"

2015年6月23日，赵克志（时任贵州省委书记、现任公安部长）在季昆森同志撰写的《多功能大循环农业前途无量》一文上作出批示："季昆森同志这篇文章非常好！山地多样性，发展多功能大循环农业前途无量，可促进绿色有机无公害农产品大省的建设，率先走出一条不同于东部，有别于西部其他省份的发展新路。请运坤、福成同志学习研究落实。"

安徽省委李锦斌书记在省第十次党代会，李国英省长在省十二届人代会第七次大会报告中，均明确指出："积极发展多功能大循环农业"。

2017年12月25日，李锦斌书记对季昆森撰写的《实施乡村振兴战略的一个重要途径——发展多功能大循环农业》及汇报信上作出批示："请方启同志阅。发展多功能大循环农业，助力农业农村现代化。"

2017年12月23日，李国英省长对季昆森撰写的《实施乡村振兴战略的一个重要途径——发展多功能大循环农业》及汇报信上作出批示："请春明同志阅研。"

李国英省长在省十三届人代会的报告中，进一步强调："以发展多功能大循环农业为重点，加快农业示范园区转型升级"。

2017年12月31日，方春明副省长收到李国英省长的批示后，作出批示："请卫东、方启同志阅研。结合我省实际，在乡村振兴战略实施中积极发展循环农业。"并对信中"请省有关部门在业务活动经费等方面对我们给予必要的支持"画了着重横线。

在各级党委政府和有关部门的大力支持下，我们不仅注重对多功能大循环农业的理论研究，更注重深入实际、调查研究、总结经验、帮助指导发展多功能大循环农业；不仅帮助指导典型企业、生态庄园、家庭农场，还注重区域性推动，在宿州全市及十几个县（市）进行宣传发动；不仅在省内，还在多个省（市）及全国一些论坛、研讨会宣传推广多功能大循环农业。经过这几年的努力，我们对多功能大循环农业在理论和实践方面基本上形成了一个体系。

农业部原副部长石山已104岁高龄，他多次说到，1978年，他在中国科学院从事农业现代化试验县工作时，钱学森对他说："农业是一个复杂的大系统，如果不用系统工程的方法搞出一个规划，按规划实施，谁来指挥都是瞎指挥。"后来，钱老派两位副教授按系统工程的方法，帮助全国5个县研究和编制发展规划。在编制规划的过程中，石老陪两位副教授到湖南桃源县考察，起初，那两位副教授说："农业比较有规律，半部系统论就能解决问题。"当这两位副教授在山区考察时，看到海拔高度不同植物分布差别很大的现实，连呼"太复杂了"，偏巧下山又赶上一场冰雹，转眼间什么都变了，他们立即得出两个结论，其一，农业变动因子太多，其二，接口无定型。总的结论是：农业太复杂了，我们的系统论实在不能完全解决农业问题。

第三节　多维生态模式下的土地合作经营和流转方式

一、合作经营模式

如果直接流转农民茶园1万亩，需要公司投入2亿元资金，农民可能从此失地失业。如果公司请农民干活，农民不是为自己干活，劳动不积极、消极怠工。现在，公司采取与农民土地——茶园合作经营的方式，在农民茶园地里推广新型茶园种植模式，农民出茶园不出钱买苗，公司投苗木不花钱流转茶园，茶园仍然由农民经营,农民采用公司的技术,双方共同管理茶园,合作经营,公司年年按照合同价收购农民的各种花叶果实,1万亩立体示范茶园的一切资源由双方长期共享。几年来,公司先后向农民提供苗木1 600万株,改造茶园面积10 021亩,这种土地合作经营方式农民愿意干,农民非常满意,而且劳动积极性很高。

二、反租倒包模式

以霞溪生态农业园为例说明。霞溪农业园通过反租倒包的方式流转土地699亩,建立公司种质资源圃。公司付给农民土地租金,让农民继续在原来的土地上边劳动、边学习,农民从中掌握了多种种植和繁育技术,然后公司将699亩土地的林下经济反租倒包给农民,收入归农民所有。农民还利用在霞溪农业园学到的技术回家发展明日叶、救心草生产,公司回购他们的鲜产品,农民年收入达万元以上,现在又立体种植木瓜、果桑,收入会更高。这种模式已辐射到10余个乡村,不仅为公司提供加工原料,还为公司扩大茶园改造培育了大量苗木。常年在霞溪生态农业园劳动的农民有200余人,年龄大多是六七十岁以上的老人和妇女,他们闲时在家门口的农业园务工,年人均务工收入达五六千元,忙时在家里种稻、养猪等,务工和农业生产两不误。

三、入股分红模式

在绿色、高效大循环农业工业化条件下,农民看到了希望,有了盼头,他们就会自愿以土地、资金、劳动力入股。公司允许农民以多种方式入股参与分红,经过培训的农民成为工人,从事公司农产品深加工,于是农民拥有了三重身份——农民、工人、股东,农村工业农业形成了。最终,农村大循环农业工业化体系建设与农村城镇化建设相结合的美好新农村建成了。

四、产学研合作模式

以霞溪农庄为例说明。公司通过产学研合作,创新亩产收入达到5 000～10 000元甚至以上。这种新型农业模式在各个村得到推广,各村建立起新型模式农民示范基地,大幅提高亩产收入,农民看到效益后愿意加盟,公司根据基地发展,加快多种新产品的研发和新型营销模式的推广,然后牵头组建新林草农民专业合作社,形成科研+公司+合作社+社员+基地的产学研合作模式,然后再大面积推广应用。

五、土地规模流转

以霞溪生态农业园为例说明。2012年年底，公司流转渭桥乡上演村11个村民组的全部耕地1 000亩，既解决了当地428位农民劳动就业问题[①]，还有每年400元的土地租金，这样公司就可以集中土地干大事，想源源不断地为休宁县20万茶农、20万亩茶园改造繁育提供特色苗木。通过示范，今后还可以利用全国各地的苗木基地为山区特色区域经济发展和1 000多个产茶县的茶园改造建立种质资源圃，繁育特色苗木，培育新兴农林战略产业。

第四节　多维生态农业的新方法、新技术、新模式

农业实际上包括农业技术、模式、方法的改变，以及农业本身的投资大、周期长、灾害多的风险，也涵盖了政治、经济、金融、市场等诸多因素的影响，需要对以上种种问题进行多向思维，本书用多向思维来考虑解决农业系统问题，探索寻找我国农业新方法、新技术、新模式，形成新型多维生态农业模式。

一、实施技术方案和具体步骤

本著作权的目的是提供一种多维生物组合技术和解决农业系统难题方法。具体说，就是通过掌握生物多样性规律、功能和交互作用，与解决复杂的生态系统难题和农民社会群体问题的每一个问题产生交叉点，然后研究利用生物特异功能对应每一个问题或几个问题的解决，通过生物"一对一"去解决每一个问题，形成生物交叉点，多种生物与多种问题会形成许多交叉点，从研究多种生物组合规律会产生生物交叉点，即使初级发现的陆地生物组合、水陆生物组合、水生生物组合仅仅是一种"偶然发现"，一旦应用到实践中就会成为必然现象，这个过程会产生许许多多新的交叉点和问题切入点，形成解决问题的生物交叉点和方法，由此产生一种能够破解复杂的生态系统难题和农民社会群体问题的生物多维组合技术，创新能够改变落后的农业模式和化学农业方法的多功能农业模式。

为实现上述目的，本著作权采用以下技术方案。一种生物多维组合技术和方法包括以下步骤。

---

① 其务工收入为6 000～8 000元，原来种两季稻的收入才2 000多元

（一）31个"三农"问题

通过多维罗列主要的农业系统难题，总结出31个主要"三农"问题，它们分别是：①农药化肥；②塑料激素；③除草剂；④种植业废弃物、养殖业废弃物、微生物废弃物；⑤加工业废弃物；⑥土地面源污染；⑦生物多样性减少；⑧自然灾害；⑨气候环境；⑩水土流失；⑪沙漠化、石漠化、荒漠化；⑫农民增收难、周期长；⑬融资难；⑭生产成本高；⑮农民素质；⑯技术人才；⑰农村老龄化；⑱空心化；⑲农业边缘化；⑳政策法律；㉑体制机制；㉒工农业剪刀差；㉓耕地质量；㉔土地产出率；㉕土地规模化经营；㉖市场需求；㉗农业装备；㉘互联网+物联网；㉙标准化；㉚农业总体安全；㉛大数据。

（二）7个关键问题

以上问题可以归纳为7个最关键的农业问题，它们分别是①如何减少人为极端气候和自然、次生灾害；②如何破解复杂的生态系统难题和农民社会群体问题；③如何改变落后的农业模式和化学农业方法；④如何改革与新型农业模式不相适应的政府体制机制；⑤如何树立"引领我国农业绿色发展改革实验区"这面旗帜；⑥如何完善互联网+大农业市场与计划经济相结合的市场体系；⑦如何制定和创建国家生态农业综合标准化体系。

（三）多维研究方法

通过多维来研究生物多样性规律和特异功能。

1．罗列、归类、了解和掌握生物多样性

地球上曾经存在的生物种类有5亿～10亿个。据生物学家统计，现存的生物种类大约有3 000万种，生物圈中记录在册的有200多万种，其中昆虫最多，有150万余种，植物34万余种，微生物3.7万余种，鱼类2.7万余种，鸟类8 700余种，人类1种（分3个亚种）。动物分为脊椎动物和无脊椎动物；植物分开花类、不开花类、草本植物、水生植物、木本植物（除了浮萍）；菌类分苔藓类、藻类、蕨类。生物种类繁多，以34万种林草品种中常见的1万多种植物为主线，因为植物的乔灌草是生物链、产业链的链主。

2．寻找生物多功能

上述各种植物、动物、微生物都具有一种或多种功能，有的生物功能是人类还没有发现、甚至人类做不到的，如果人类掌握、了解了生物多样性规律和功能，手中就是握着一把打开大自然奥秘的"万能钥匙"，利用200多万种生物功能产生的生物交叉点去解决31个最复杂、最难的生态系统难题和农民社会群体问题，简直易如反掌。

3．把复杂的农业系统难题简单化，利用生物功能解决问题

通过优选200多万个当中一小部分物种去解决31个农业难题，通过多次不断优选产生生物交叉点，然后从200万个物种中找到适合生态位共生、立体种植、立体养殖、农业三产融合等多项思维发展所需要的多种物种进行组合，简称生物多维组合技术。

（四）举例说明

以专利号ZL200810244516.5《茶树的种植方法》林下种植的明日叶为例，分步优选步骤如下。

步骤1：选择多年生草本植物，让山区农民不用年年耕地播种，假设满足该要求的34万种植物中有9 000种；

步骤2：这种草本植物具有旺盛生命力，能抑制杂草生长，不使用除草剂，假设满足该要求的9 000种植物中有900种；

步骤3：这种植物具有较好的食用和药用价值，能让农民增收，假设满足该要求的900种植物中有200种；

步骤4：这是一种具有市场潜力的芳香植物，可以提高茶叶香气，农民种植以后市场有需求，最后满足该要求的200种植物中还剩3～5种，通过立地实验最终选择了明日叶。

通过优选明日叶这一草本植物，可以同时解决几个农业系统中的难题，那么多种生物的共生互助就可以解决许多农业问题，形成新型茶园模式。

通过多维，利用生物特性或特异功能与解决多种农业系统问题产生生物交叉点。发挥人的主观能动性，利用生物多样性规律和特异功能解决农业系统难题，以在世界不同地区分布的34万种植物的一小部分作为研究基础和重点，针对传统单一农业中的养牛、养猪、养鱼、养羊农民以及稻农、菇农、茶农、果农、菊农存在的各种问题，认真研究解决，形成许许多多解决问题的生物交叉点。

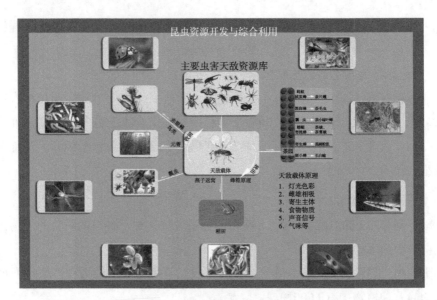

图3-4 昆虫资源开发与综合利用

二、农业新方法——寻找生物交叉点

（一）生物交叉点的实施方式

（1）利用植物与植物间产生交叉点解决一个或几个农业系统问题；

（2）利用植物与动物间产生交叉点解决一个或几个农业系统问题；

（3）利用植物与微生物产生交叉点解决一个或几个农业系统问题；

（4）利用动物与动物间产生交叉点解决一个或几个农业系统问题；

（5）利用动物与微生物间产生交叉点解决一个或几个农业系统问题；

（6）利用微生物与微生物间产生交叉点解决一个或几个农业系统问题；

（7）利用微生物与人产生交叉点解决一个或几个农业系统问题；

（8）利用动物与人产生交叉点解决一个或几个农业系统问题；

（9）利用植物与人产生交叉点解决一个或几个农业系统问题；

（10）利用植物与环境、气候产生交叉点解决一个或几个农业系统问题；

（11）利用生物与水产生交叉点解决一个或几个农业系统问题；

（12）利用动物与环境、气候产生交叉点解决一个或几个农业系统问题；

（13）利用微生物与环境、气候产生交叉点解决一个或几个农业系统问题；

（14）利用人与环境、气候产生交叉点解决一个或几个农业系统问题；

（15）利用生物与光、热、水、肥、土、气、药之间产生生物交叉点解决一个或几个农业系统问题等。

（二）举例说明

利用生物技术，建立在传统单一农业模式基础上的一次农业转型升级，利用生物交叉点解决31个主要问题，通过交叉思维让一个个复杂的农业系统难题与生物特异功能产生交叉点。

通过多向思维找到解决这些问题的生物交叉点来解决复杂农业系统难题和农民社会群体问题。例如，寻找多年生作物，这样山区农民不用年年耕地播种，比平原地区机械化种植还要省工（生物与山区艰苦环境交叉）；寻找生命力旺盛、林下能够抑制杂草生长的草本经济植物，这样农民不用花钱买除草剂（植物与植物交叉）；寻找含水量高、耐火烧的经济植物建立防火林带（植物与环境交叉）；寻找北方冬天四季常绿的经济植物来强化防风固沙功能和蓄水保水造水等多功能（植物与光热水肥土气人环境气候交叉）；烟草吸锂、铜草吸铜、向日葵吸钾、玉米吸金、烟草吸锂、盐生生物等解决重金属污染（植物与土壤交叉）；寻找同科类植物嫁接奇花异果（植物与植物交叉）、寻找彩色树种建设美丽中国、建设新农村（植物与人环境交叉），寻找健康中国室内外生态植物（植物与人文、环境交叉）；利用生物驱虫、杀虫、引虫吃虫、中草药治虫、微生物治虫等生物办法防治病虫害（动物、植物、微生物相互交叉），利用多种有经济收入的生物共生互助形成良性循环小生物圈系统来解决农民增收难问题（生物与人的经济收入、需求交叉）；根据市场需求来控制生物种植和养殖规模，解决市场需求平衡问题（生物与人的市场需求交叉）；乔灌草是极端气候的最大调节者、温室气体的最大吸收者，次生灾害保护者，创建高效、立体森林农业可以降低人为自然灾害、次生灾害（植物与人、气候、环境交叉）；寻找具有穿石能力的植物来改造石漠化地区（植物与恶劣环境条件交叉）；寻找适应沙漠化地区的指示性植物去改善沙漠化地区环境条件，然后优化乔灌草结构（植物与环境、再生环境交叉）；通过大苗上山、乔灌草中短期效益相结合解决农业周期长问题（植物与人交叉）；建立在利用生物技术实现农业绿色发展、高效发展标准化体系基础上，来解决融资难和相适应的法律政策、体制机制等问题（生物与人的社会问题交叉）；还可以通过在竹林中分块种植合欢，增加天敌元菁，防治竹蝗虫（植物与植物交叉产生了动物与动物交叉）；通过在山区种植四季花期长的植物，增加蜂类的食物途径，保护锐减的蜂类（植物与动物交叉）；种植含水量高的木荷、夹竹桃等植物建立混交林，防治松毛虫、褐天牛等（植物与动物、环境交叉）；

培育和养殖啄木鸟、赤眼蜂等放养天敌，保护森林安全（动物与动物交叉）；通过建立大宗农产品病虫害的天敌资源库，实现昆虫的科学利用与开发，形成生物链的循环，产生更大的交叉点，可以说，草=牛肉、羊肉、鹅，粮棉油瓜果蔬菜的昆虫=大宗产品天敌=鸡饲料，1窝燕子=解决1 200万只蝗虫，1只啄木鸟=90亩森林安全等，利用声音、色彩、天敌、雌雄相吸、燕子返巢、蜂箱原理、食物链等途径建立天敌移动载体，形成大宗农产品天敌资源库等（植物、动物、人相互交叉），这就是生物交叉点带来的农业技术无限创意、创新、创业。

三、农业新技术——多维生物组合技术

（一）多维生物组合技术的作用

建立在瑞典植物学家卡尔·林奈（Carl von Linné）生物分类学知识基础上，通过产生生物交叉点进行生物组合，创造生物组合学。通过生物组合，实现经济效益+生态效益+社会效益三者综合效益的更大化。利用生物交叉点复合、组合形成多功能农业，创新一种生物多维组合技术、多维组合方法、多维组合模式，利用多种生物、多个交叉点的组合可以创新多种新型农业种植、养殖模式，将生物链循环到底，将废弃物循环到底，将产业链循环到底，以此改变落后的农业模式和化学农业方法，形成功能更加强大的多功能农业模式，简称"归零模式"，即从零点开始，实现永续循环，满足人类最大需求后再回到零点。

（二）生物多维组合技术的实施方式

1．生物自然生态组合

森林是由乔灌草花叶果实、鸟兽昆虫等多种生物组合在一起的，初级稻田是由稻子、青蛙、泥鳅、燕子、红花草、豆子、蓖麻等多种生物组合在一起的；江海库塘的水生生物链是由大鱼吃小鱼、小鱼吃虾、虾吃藻类和浮游生物等生物组合在一起的。在原有生态模式条件下，通过向自然学习，参照生物规律和创新生物组合规律，通过优化组合，形成能够更好满足人类需要的、绿色、高效、循环的、符合自然规律发展的多种生物生态化组合方式，我们在学习研究原生态森林生物自然组合模式基础上，创造了人工智能生物组合新模式。

2．生物多向思维组合

通过多向思维方法利用生物进行组合，从经济效益、生态效益、社会效益、大农业、大市场、大健康、大网络、大数据、大格局、大循环、生态位、立体空间、环境气候、多学科、人民群众智慧、政府体制机制、食品安全、农民增收、标准化体系等多方面、多角度进行生物功能综合型组合研究，利用生物组合技术创造多种新型复合式、循环农业模式，从源头上、根本上、具体问题上、系统解决方案上形成大农业发展思路和解决问题的有效途径，实现多项效益的共赢。

3. 生态位和立体空间多维组合

这种组合具体包括水生生物组合，陆地生物组合、水陆生物组合。例如，《一种茶树的种植方法》充分运用自然界植物、动物、微生物和环境之间的生态良性循环规律和生物多样性在多层次之间相生相克、相得益彰的特点，通过乔灌草的合理搭配，落叶植物与常绿植物相结合，高秆植物与低秆植物相结合，生态类林草与经济类林草相结合，深根系与浅根系相结合，地表面与地面上部及下部相互联动，水、肥、光、热、土、气、药与生物之间形成相互依存的合理空间布局（生态位），乔灌草与赖以其生存的鸟兽昆虫间生物防治相结合，构成多物种、多样性、多层次、多功能、多种途径良性循环的立体生态网络。

4. 美好乡村和区域经济多种模式组合

通过2008年发明的《茶树种植方法》，举一反三，获得北方平原耕地的《一种复合式循环农业种植方法》《植物防火林带》等多项发明专利，形成山区、耕地、平原、水域以及沙漠化、石漠化、荒漠化改造等不同地区模式的组合，从一种模式的"三产"到美丽乡村多种模式的三产融合，到县域经济的三产融合，再到多功能大循环农业国家实验区的全生物链、全产业链大循环，打造中国农业的升级版，创建美好乡村、构建美丽中国。通过生物组合智造技术让农民获得成倍收入，不再是单一作物的收入，为传统作物创造更好的复合式生长环境条件，形成一个个有多种花叶果实收入的"植物绿色加工厂"——绿色、高效、有机农业，还为动物绿色工厂提供更加丰富的、足够的、成倍的原料，利用生物多维组合技术创造了一种生态保护优先、经济效益显著和社会效益多赢的多种不同区域的新型农业模式。

5. 绿色发展和土地高效结合的多维组合

利用生物多样性和特异功能产生许多生物交叉点，可以更好地为人民服务，让生物以生态化方式为农民打工，可以大幅提高农民收入，而且省工、省钱、省肥、省药、省力，可以解决许多农业系统难题，由此我们认为生物技术的科学应用将会引发我国农业发生一场生物绿色革命：①实现农业向绿色发展，解决食品安全问题和环境污染问题；②实现农业向高效、循环发展，开发土地巨大的增值空间，重新为农民设计亩产收入达5 000～10 000元甚至以上的多种新型种植、养殖模式；③创建三产高效融合的全生物链、全产业链的多功能大循环农业实验区、示范区。

四、农业新模式——复合式循环农业模式

（一）多功能生态茶园模式

专利号ZL200810244516.5《茶树的种植方法》的内容之一是选择大花量、重瓣、白花木槿植物吸引大量的蜂类、蚁类产生多个生物交叉点，一种植物同时解决了几个问题，前面提到的明日叶解决林下的几个问题，现在我们又通过在茶园种植花期百余天木槿植物解决绿色发展问题。①解决农药问题。木槿天天吸引蜂类、蚁类吃茶树常见30多种中的20多种虫害。这是植物与动物交叉。②解决农民增收难问题。木槿花期花期百余天，农民天天有鲜花蔬菜的收入。这是生物与人交叉。③降低生产成本。木槿是多年生植物，山区农民不用年年耕地播种。这是木槿生物、土壤环境与人的需求交叉。④建设美丽乡村植物。一种木槿可以嫁接十几种不同木槿花，形成多姿多彩的木槿绿化树种。这是生物与生物交叉。

（二）多功能生态稻田模式

打破传统单一农业，改变现行依赖农药、化肥的水稻种植方法。把袁隆平的优质杂交稻种种在20世纪六七十年代空中有燕子吃虫、稻苗上有青蛙吃虫、水里有泥鳅吃虫、使用发酵过的牛粪、猪粪以及红花草籽的水稻田里，构成一个初级原生态生态稻田，在农田闲置时种草、养鹅再种粮等方法休耕轮作，通过生物组合和循环利用，实现耕地可持续高产和生物多样性保护。

通过生态稻田让青蛙日夜为我们捕虫，我们安心休息，减少农药使用。通过这种种田方式把不利于水稻生产的昆虫作为青蛙饲料；把稻田里浮游生物、甲壳虫及腐殖质污染物通过饲养泥鳅来净化水源，变废为宝；并通过"五化"①把以后产生的秸秆变成食用菌、肥料或生物质能源；米糠喂猪，猪粪回田；通过筛网限制蛇、黑鱼天敌入侵，通过在田埂种植大豆、种植蓖麻杀虫、休耕期种植红花草固氮……通过生物组合智造技术，使产生的各种物质和废弃物朝着有利于人类

---

① "五化"指的是秸秆饲料化、能源化、肥料化、基料化、原料化

生存和发展方向转化。

稻田里的青蛙、泥鳅是我们的美食，水稻变成有机稻，通过多种不同生物的优化组合形成小生物圈的良性循环和动态平衡，大幅提高农民收入。我们按照每平方米1只青蛙2只泥鳅的合理环境容量初步计算，每亩稻田可以养殖100~150kg泥鳅、青蛙，加上有机稻收入，综合亩收入达到6 000~9 000元甚至以上，使每亩稻田的收入提高3~5倍。

（三）多功能平原耕地模式

专利号ZL20120109005.9的《一种复合式循环农业的种植方法》做法是，选择北方冬天四季常绿的经济植物构建病虫害防护带（如银杏、蓖麻、苦参）、风沙防护带（如枇杷叶荚谜、粗榧、沙地柏）、经济作物带（如木瓜、木槿、大白菜、大蒜）三者构成高效森林农业。这种模式可以解决以下问题：①解决北方水资源短缺问题。利用植物构建高效森林农业，蓄水保水造水，减少地下水的超采。这是植物与土壤、气候交叉。②强化防风固沙功能。通过种植枇杷叶荚谜、粗榧、沙地柏等北方冬天四季常绿树种改善生态，强化防风固沙功能。这是植物与环境交叉。③减少农药使用。银杏、蓖麻、苦参都是很好的生物土农药，可以配制多种中草药生物制剂防虫治虫。这是植物与动物交叉。④解决农民增收难问题。立体种植的每种植物都有经济收入，产生多项农林鲜产品收入。⑤解决市场问题。根据国内外市场需求发展生物品种的数量。这是生物与人的交叉。

（四）多功能防火林带模式

专利号ZL20121009005.9的《植物防火林的构建方法》选择含水量高、耐火植物杨梅、枇杷、柑橘樟树、女贞、茶树、救心草、高秆油茶苗等经济植物。

该模式可以解决以下问题：①通过这些植物立体种植交叉解决水土流失问题。这是多种植物与气候、土壤交叉；②通过这些植物立体种植交叉解决农民增收难问题。这是高秆油茶大苗与多种经济生物相互交叉。③通过这些植物立体种植交叉防止火灾蔓延。这是生物与环境交叉。④通过植物发展森林农业，保护生态，增强碳氧转化，降低自然灾害。这是植物与光热水肥土气交叉。以上做法形成多功能防火林带模式。

（五）多功能生态羊圈模式

寻找没有被人类发现的、羊爱吃的、快速生长的、四季常绿的小灌木和羊不啃的果树品种，四周用羊不吃的甚至忌讳的药材植物作为绿篱，林下流动性种植不同草本经济作物等，与羊构成流动性生态羊圈。满足这些要求需要合理的面积配置、食量配置、时间配置、废弃物合理利用配置、季节配置、生态位配置、病虫害防治配置、营养配置等大数据形成生物交叉点，这些品种可能原来就有，但是这些生物多样性规律的发现与生物组合技术形成的新型生态羊圈模式和方法都是首创的。

（六）多功能高效森林模式

长期以来，化肥农业已造成土壤板结、渗透性差、遇雨即涝、遇晒即旱的现状，平原地区长期超采造成耕地日趋沙漠化，这些原来在地底下的水现在统统流入江河或蒸发到大气中。更有甚者，近10年来全世界毁坏森林面积约2.9亿公顷（43.5亿亩），相当于减少了1 350亿吨CO_2的吸收和转化、等于减少1 500亿吨森林蓄水保水功能（1公顷森林约吸收468吨CO_2，蓄水保水500吨），而全世界每年的碳排放总量才500亿吨，1 500亿吨的水相当于上海市民300年的用水，人为毁坏森林和工业排放产生的温室效应开始融化北极1.8万亿吨碳冰（碳弹），它们与海洋气候共同形成强大的气流，年年制造频繁的自然、次生灾害，带来破坏性、毁灭性的灾难，使农业生产无法正常进行，有的农民甚至颗粒无收。生态环境存之不觉，失之难存！

人类为了更好地生存和健康生活，必须共同修复生态，发展高效森林农业，降低自然灾害，需要几十万亿株苗木进行乔灌草结构的调优、调好、调强，意味着这将是一个百万亿级的绿色生态产业。通过森林农业让影响大自然气候环境的水、CO_2重新回到森林，保护生态平衡。

通过选择既能保护生态，又有经济收入，还能实现食品安全的乔灌草组合苗木发展高效森林农业，国家应每年免费给农民提供能增收致富的特色苗木，这是最大最好的惠农政策，也是我国国情发展的需要，调节气候环境的需要，修复生态的需要。重视森林农业的生态功能，不忽视森林农业的造血功能，通过优化林草实现生态与经济共赢：优选带土球的高秆大苗上山修复生态，建立多元化、多层次的森林结构，通过林草装备制造业消灭荒山荒坡荒地和完成低质低产林改造，通过发展绿色高效森林农业，把76亿亩山区草原变成我国农业绿色的减灾工厂，林草富民的绿色工厂，因为我国现在每公顷森林的平均材积量只有发达国家的1/6，差距和潜力都非常大。通过发展绿色高效森林农业，帮助世界其他国家修复毁坏森林面积约2.9亿公顷（约43.5亿亩），这里孕育着一个巨大的百万亿元级的绿色生态产业。

（七）多功能生态库塘模式

利用水域建立水上、水中、水下植物、鱼类、虾类、藻类、螺丝、甲鱼、贝类、水蛭等水生生物交叉融合的多层次良性循环系统，通过在库塘、湖泊水中种桑种草以及养鹅、鸭，桑草以及水面的鸭粪、鹅粪可作为草鱼的饵料，草鱼粪便可作为鲢鱼的饵料、鲢鱼粪便可作为扁鱼的饵料、扁鱼粪便可作为的鲫鱼饵料……通过生物组合智造技术，合理调整和科学配制水生生物的比例，将生物链循环到底，将水生废弃物循环到底，使水面亩收入提高到6 000 ～ 10 000元甚至以上。

通过构建水生生物两大循环可解决水污染和养鱼农民增收难等问题：①构建水生生物链的循环，合理配置水生生物种类，形成大鱼吃小鱼，小鱼吃虾。在虾吃藻类生物链中获得附加值更高的水生生物品种。这是动物与动物交叉；②各种水生生物废弃物循环利用，根据各种鱼类产生的废弃物配置鱼类品种，如草鱼粪便上浮给鲢鱼吃，鲢鱼粪便下浮给鲫鱼吃，鲫鱼粪便下沉给泥鳅等水生藻类、贝类生物，既净化了库塘的水，又通过废弃物生物循环将其转化为各种水生生物为农民增加收入。这是通过废弃物实现动物与动物直接、间接的交叉点。

（八）多功能庭院经济模式

创新珍奇特异新品种。通过嫁接技术、变异等方法优选合适的庭院经济植物品种，在一棵桃树上嫁接六七种不同的桃树品种；也可以在李树上嫁接桃、杏、梅、李、紫叶矮樱、梅花；在一棵油茶树上嫁接十几种茶花；在一棵木瓜树上嫁接8 ~ 9个品种的海棠花；在一棵木槿上或紫薇上嫁接七八种不同颜色的木槿花或紫薇花；选择猕猴桃、葡萄、奇异瓜果的爬藤植物，选择室内能够驱虫、杀虫植物，选择能够吸收电脑辐射的植物，选择能够吸收有害气体的植物和温馨的植物等。多个生物交叉点构成了前院有花、后院有果、林下有药材、蔬菜等高效的庭院经济和室内大健康生态植物，亩收入达5 000 ～ 10 000元甚至以上的农村、城市庭院经济、屋顶经济，健康生态植物、奇花异果、药材蔬菜、百花齐放的室内外庭院经济，会让中国农村富饶美丽，让中国城市美丽，让中国更加美丽。这种模式包括了植物与植物交叉、植物与气体交叉、植物与人交叉、植物与环境交叉，产生了多个生物交叉点。

（九）更高级别的生物多维组合模式

高级别的生物多维组合技术和方法是全生物链、全产业链的大循环组合，是多功能大循环农业。通过多种新型农业模式的三产融合，形成更大的产业联盟、技术集成、设备组装和标准化制定等多方面的融合，通过多个循环经济典型案例、多项专利技术集成形成技术共同体，集中人民群众的创造和智慧，创新多功能大循环农业模式。

这种更高级别的生物多维组合技术和方法，有以下3个步骤。

步骤1：通过生物多维组合技术和方法，以一种新型茶园模式的三产融合作为典型案例进行农业系统难题突破示范，并制定该模式的国家技术标准化。

我们率先在茶园中实现山区系统问题的突破。具体内容是通过乔灌草在茶园中构成林上、林中、林下、林边立体经济，上层及茶园外围是木瓜、桂花、木槿等，中层是茶树，在茶树下裸露的地方种植明日叶或救心草及除虫菊、三叶草等经济草本植物，构建功能更加强大的生物组合体，人为地创造良好的、多物种并存的、立体生态环境。通过茶园模式探索改变传统、低效的农业模式和解决化学农业方法的新路子。如图3-6所示。

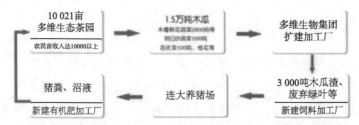

多维公司免费为新林草农民合作社发行立体茶园10 021亩（亩收入提高到万元以上）并按照合同收购农民茶园种植的多种根茎花叶果实鲜产品，经多维公司深加工后产生大量的木瓜渣、废弃绿叶等（新建饲料加工厂的饲料）免费给连大生态农业科技有限公司作为养猪饲料，连大生态农业科技有限公司把猪粪、沼液、沼渣（新建有机肥加工厂的肥料）免费给新林草农民作为10 021亩茶园的有机肥，形成一定规模的种、养、加的生态农业循环模式。

图3-5　多维生态茶园种养加循环

为进一步提升多维生态茶园模式发展水平，努力把休宁生态示范茶园建设成为示范引领全省乃至全国山区茶园发展的核心示范区，公司承担了第八批全国农业综合标准化示范区项目建设任务。创建以来，依据相关标准、要求，以国家标准、行业标准、地方标准为基础，以企业标准为补充，按照"有标采标、无标制标"的原则，围绕生态茶园，收集、制修订了53个标准，涵盖从苗木选育、茶园建设、茶园管理到茶园多项产出品深加工等方面的8个标准体，以及公司管理工作规章制度方面的4个标准体。制定了《生态立体茶园栽培技术规程》《生态立体茶园中木瓜栽培技术规程》等10个种植技术规程标准，《绿茶生产工艺流程》《木瓜生产工艺流程》等4个生产技术标准，《绿茶鲜叶采收标准》等4个原料收购标准，以及《公司员工手册》等企业管理标准。在实施过程中，不断健全各生产环节技术和管理工作标准，形成标准综合体，并将茶园标准化综合体进行创新复制，形成生态稻田、生态果园、生态库塘、生态菜园、农村庭院经济、室内外生态植物、植物防护林带等标准化综合体的创建，构建国家农业综合标准化体系。

步骤2：通过新型茶园模式案例，举一反三创新多种农业模式。

对新型茶园模式举一反三，重新为我国养牛、养猪、养羊、养鱼的农民以及茶农、菇农、果农、菊农等设计亩收入达到5 000～10 000元甚至以上的多种新型农业、标准化种养模式实验区，通过创新构建多功能生态茶园、生态果园、生态库塘、生态菊园、植物防火林带、农村庭院经济、北方大平原大循环农业体系等多种模式的三产融合，最终完成美丽乡村、农村城镇化、区域经济的全生物链、全产业链的大农业、大规划、大市场、大网络体系的总体发展思路，简称新型模式实验区。

步骤3：通过生物多维组合技术，创新和建立多种新型农业模式的三产融合。

创建与多种新型农业模式相配套的全生物链、全产业链三产融合，开创多功能大循环农业模式实验区。如图3-7所示。

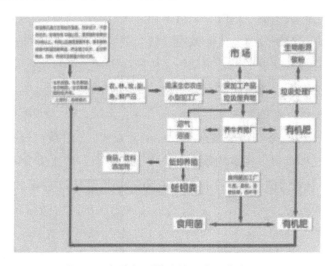

图3-6 多种新型模式的三产融合农业园

在上演村重新设计亩收入达到5 000～10 000元以上的多种新型绿色、高效、循环农业专利模式，多种新型模式的鲜产品通过霞溪农庄多功能大循环农业展示区完成植物绿色加工厂、动物绿色加工厂，微生物绿色加工厂、精细化加工厂多家典型案例的产业联盟、技术集成，构建一个完整的农业全生物链、全产业链的功能大循环农业工业标准化体系，彻底解决农药、化肥、废弃物污染问题、农民增收难问题、市场问题、水土流失问题等一系列"三农"问题。我们创新了一种经济效益、生态效益、社会效益一体化发展的复合式循环农业模式。

建设美丽中国需要许多这样的美好乡村，而建设美好乡村需要许多生物圈良性循环小系统，许多小生物圈良性系统又构成许多新兴的农林战略产业，优化生物多维组合，通过生物组合智造一花一叶一草都能成为产业，有产业支撑的农村才能富饶美丽。构建中国山区、草原、平原、水域大循环农业体系需要与之配套的大循环农业加工示范区，集中花叶果实畜禽菌规模化加工，形成产供销一体化循环发展，再完善与之配套的服务体系和相适应的体制改革，聚集成互联网+城镇化，三五个这样的美好乡村就可以建一个花叶果实、畜禽菌多功能大循环农业加工中心村镇，六七个大循环农业中心村镇可以形成互联网+特色县域经济，同一生态位可以形成互联网+特色区域经济。探索寻找适合我国国情发展的新模式、新路子——一个多山国家、草原大国，必须发挥林草经济优势，通过乔灌草、通过大循环农业可以让我国农民变成农民工人、农村工业农业，实现农业工业化、生物智能化、农业标准化、人机信息化，将加快我国农村城镇化、工业化建设的步伐，中国版图横穿东西、纵贯南北，很容易形成特色县域经济，多功能大循环农业创新了经济效益、生态效益、社会效益一体化发展的复合模式。农业是系统问题，必须多维思考，必须采用系统解决方案，一旦实现系统工程方法在各个领域的广泛应用，意义非常重大。

这一系列系统问题的研究和解决形成了本著作权——一种生物多维组合技术和方法，创造一种新型农业模式来实现经济效益+生态效益+社会效益三者综合效益更大化，它涉及很多领域的系统解决方案和突破，是无法申请专利的专利，申请著作权登记号为国作登字2017Z11L302793。采用这种模式可以先试点，然后创建农业新方法、新技术、新模式示范区、展示区，做给农民看，教会农民干。

第五节　多维生态农业发展的顶层设计和重大决策

一、笔者的提案

陈光辉同志联名30多位全国人大代表给国家多部委提交了《关于采用农业新方法、新技术、新模式的建议》《关于创建国家多功能大循环农业改革实验区的建议》《关于对十三五纲要"农业现代化重大工程"提几点意见》《关于高度关注几亿人民群众的健康问题》《关于特别关注中小微企业目前的发展状况问题》等36项农业创新体制机制和绿色发展的建议。全国人大常委会办公厅先后为这些建议出台了4个文件，要求国家发展改革委、农业部、财政部、国家林业局共同研究办理，汪洋副总理对多功能大循环农业也作了重要批示。农业部多次到黄山进行专题调研和交流，针对陈光辉同志提出《关于对十三五纲要"农业现代化重大工程"提几点意见》中的新型经营主体人才培训建议，于2017年11月3日出台了《百万农村实用型人才计划》，其他多项建议也陆续得到圆满答复。

二、2017年《关于创新体制机制推进农业绿色发展的意见》

近日，中共中央办公厅、国务院办公厅印发《关于创新体制机制推进农业绿色发展的意见》，并发出通知，要求各地区各部门结合实际认真贯彻落实。

《关于创新体制机制推进农业绿色发展的意见》全文如下。

关于创新体制机制推进农业绿色发展的意见

推进农业绿色发展，是贯彻新发展理念、推进农业供给侧结构性改革的必然要求，是加快农业现代化、促进农业可持续发展的重大举措，是守住绿水青山、建设美丽中国的时代担当，对保障国家食物安全、资源安全和生态安全，维系当代人福祉和保障子孙后代永续发展具有重大意义。党的十八大以来，党中央、国务院作出一系列重大决策部署，农业绿色发展实现了良好开局。但总体上看，农业主要依靠资源消耗的粗放经营方式没有根本改变，农业面源污染和生态退化的趋势尚未有效遏制，绿色优质农产品和生态产品供给还不能满足人民群众日益增长的需求，农业支撑保障制度体系有待进一步健全。为创新体制机制，推进农业绿色发展，现提出如下意见。

一、总体要求

（一）指导思想

全面贯彻党的十八大和十八届三中、四中、五中、六中全会精神，深入贯彻习近平总书记系列重要讲话精神和治国理政新理念新思想新战略，紧紧围绕统筹推进"五位一体"总体布局和协调推进"四个全面"战略布局，牢固树立和贯彻落实新发展理念，认真落实党中央、国务院决策部署，以绿水青山就是金山银山理念为指引，以资源环境承载力为基准，以推进农业供给侧结构性改革为主线，尊重农业发展规律，强化改革创新、激励约束和政府监管，转变农业发展方式，优化空间布局，节约利用资源，保护产地环境，提升生态服务功能，全力构建人与自然和谐共生的农业发展新格局，推动形成绿色生产方式和生活方式，实现农业强、农民富、农村美，为建设美丽中国、增进民生福祉、实现经济社会可持续发展提供坚实支撑。

（二）基本原则

——坚持以空间优化、资源节约、环境友好、生态稳定为基本路径。牢固树立节约集约循环利用的资源观，把保护生态环境放在优先位置，落实构建生态功能保障基线、环境质量安全底线、自然资源利用上线的要求，防止将农业生产与生态建设对立，把绿色发展导向贯穿农业发展全过程。

——坚持以粮食安全、绿色供给、农民增收为基本任务。突出保供给、保收入、保生态的协调统一，保障国家粮食安全，增加绿色优质农产品供给，构建绿色发展产业链价值链，提升质量效益和竞争力，变绿色为效益，促进农民增收，助力脱贫攻坚。

——坚持以制度创新、政策创新、科技创新为基本动力。全面深化改革，构建以资源管控、环境监控和产业准入负面清单为主要内容的农业绿色发展制度体系，科学适度有序的农业空间布局体系，绿色循环发展的农业产业体系，以绿色生态为导向的政策支持体系和科技创新推广体系，全面激活农业绿色发展的内生动力。

——坚持以农民主体、市场主导、政府依法监管为基本遵循。既要明确生产经营者主体责任，又要通过市场引导和政府支持，调动广大农民参与绿色发展的积极性，推动实现资源有偿使用、环境保护有责、生态功能改善激励、产品优质优价。加大政府支持和执法监管力度，形成保护有奖、违法必究的明确导向。

（三）目标任务

把农业绿色发展摆在生态文明建设全局的突出位置，全面建立以绿色生态为导向的制度体系，基本形成与资源环境承载力相匹配、与生产生活生态相协调的农业发展格局，努力实现耕地数量不减少、耕地质量不降低、地下水不超采，化肥、农药使用量零增长，秸秆、畜禽粪污、农膜全利用，实现农业可持续发展、农民生活更加富裕、乡村更加美丽宜居。

资源利用更加节约高效。到2020年，严守18.65亿亩耕地红线，全国耕地质量平均比2015年提高0.5个等级，农田灌溉水有效利用系数提高到0.55以上。到2030年，全国耕地质量水平和农业用水效率进一步提高。

产地环境更加清洁。到2020年，主要农作物化肥、农药使用量实现零增长，化肥、农药利用率达到40%；秸秆综合利用率达到85%，养殖废弃物综合利用率达到75%，农膜回收率达到80%。到2030年，化肥、农药利用率进一步提升，农业废弃物全面实现资源化利用。

生态系统更加稳定。到2020年，全国森林覆盖率达到23%以上，湿地面积不低于8亿亩，基本农田林网控制率达到95%，草原综合植被盖度达到56%。到2030年，田园、草原、森林、湿地、水域生态系统进一步改善。

绿色供给能力明显提升。到2020年，全国粮食（谷物）综合生产能力稳定在5.5亿吨以上，农产品质量安全水平和品牌农产品占比明显提升，休闲农业和乡村旅游加快发展。到2030年，农产品供给更加优质安全，农业生态服务能力进一步提高。

二、优化农业主体功能与空间布局

（四）落实农业功能区制度

大力实施国家主体功能区战略，依托全国农业可持续发展规划和优势农产品区域布局规划，立足水土资源匹配性，将农业发展区域细划为优化发展区、适度发展区、保护发展区，明确区域发展重点。加快划定粮食生产功能区、重要农产品生产保护区，认定特色农产品优势区，明确区域生产功能。

（五）建立农业生产力布局制度

围绕解决空间布局上资源错配和供给错位的结构性矛盾，努力建立反映市场供求与资源稀缺程度的农业生产力布局，鼓励因地制宜、就地生产、就近供应，建立主要农产品生产布局定期监测和动态调整机制。在优化发展区更好地发挥资源优势，提升重要农产品生产能力；在适度发展区加快调整农业结构，限制资源消耗大的产业规模；在保护发展区坚持保护优先、限制开发，加大生态建设力度，实现保供给与保生态有机统一。完善粮食主产区利益补偿机制，健全粮食产销协作机制，推动粮食产销横向利益补偿。鼓励地方积极开展试验示范、农垦率先示范，提高军地农业绿色发展水平。推进国家农业可持续发展试验示范区创建，同时成为农业绿色发展的试点先行区。

（六）完善农业资源环境管控制度

强化耕地、草原、渔业水域、湿地等用途管控，严控围湖造田、滥垦滥占草原等不合理开发建设活动对资源环境的破坏。坚持最严格的耕地保护制度，全面落实永久基本农田特殊保护政策措施。以县为单位，针对农业资源与生态环境突出问题，建立农业产业准入负面清单制度，因地制宜制定禁止和限制发展产业目录，明确种植业、养殖业发展方向和开发强度，强化准入管理和底线约束，分类推进重点地区资源保护和严重污染地区治理。

（七）建立农业绿色循环低碳生产制度

在华北、西北等地下水过度利用区适度压减高耗水作物，在东北地区严格控制旱改水，选育推广节肥、节水、抗病新品种。以土地消纳粪污能力确定养殖规模，引导畜牧业生产向环境容量大的地区转移，科学合理划定禁养区，适度调减南方水网地区养殖总量。禁养区划定减少的畜禽规模养殖用地，可在适宜养殖区域按有关规定及时予以安排，并强化服务。实施动物疫病净化计划，推动动物疫病防控从有效控制到逐步净化消灭转变。推行水产健康养殖制度，合理确定湖泊、水库、滩涂、近岸海域等养殖规模和养殖密度，逐步减少河流湖库、近岸海域投饵网箱养殖，防控水产养殖污染。建立低碳、低耗、循环、高效的加工流通体系。探索区域农业循环利用机制，实施粮经饲统筹、种养加结合、农林牧渔融合循环发展。

（八）建立贫困地区农业绿色开发机制

立足贫困地区资源禀赋，坚持保护环境优先，因地制宜选择有资源优势的特色产业，推进产业精准扶贫。把贫困地区生态环境优势转化为经济优势，推行绿色生产方式，大力发展绿色、有机和地理标志优质特色农产品，支持创建区域品牌；推进一二三产融合发展，发挥生态资源优势，发展休闲农业和乡村旅游，带动贫困农户脱贫致富。

三、强化资源保护与节约利用

（九）建立耕地轮作休耕制度

推动用地与养地相结合，集成推广绿色生产、综合治理的技术模式，在确保国家粮食安全和农民收入稳定增长的前提下，对土壤污染严重、区域生态功能退化、可利用水资源匮乏等不宜连续耕作的农田实行轮作休耕。降低耕地利用强度，落实东北黑土地保护制度，管控西北内陆、沿海滩涂等区域开垦耕地行为。全面建立耕地质量监测和等级评价制度，明确经营者耕地保护主体责任。实施土地整治，推进高标准农田建设。

（十）建立节约高效的农业用水制度

推行农业灌溉用水总量控制和定额管理。强化农业取水许可管理，严格控制地下水利用，加大地下水超采治理力度。全面推进农业水价综合改革，按照总体不增加农民负担的原则，加快建立合理农业水价形成机制和节水激励机制，切实保护农民合理用水权益，提高农民有偿用水意识和节水积极性。突出农艺节水和工程节水措施，推广水肥一体化及喷灌、微灌、管道输水灌溉等农业节水技术，健全基层节水农业技术推广服务体系。充分利用天然降水，积极有序发展雨养农业。

（十一）健全农业生物资源保护与利用体系

加强动植物种质资源保护利用，加快国家种质资源库、畜禽水产基因库和资源保护场（区、圃）规划建设，推进种质资源收集保存、鉴定和育种，全面普查农作物种质资源。加强野生动植物自然保护区建设，推进濒危野生植物资源原生境保护、移植保存和人工繁育。实施生物多样性保护重大工程，开展濒危野生动植物物种调查和专项救护，实施珍稀濒危水生生物保护行动计划和长江珍稀特有水生生物拯救工程。加强海洋渔业资源调查研究能力建设。完善外来物种风险监测评估与防控机制，建设生物天敌繁育基地和关键区域生物入侵阻隔带，扩大生物替代防治示范技术试点规模。

四、加强产地环境保护与治理

（十二）建立工业和城镇污染向农业转移防控机制

制定农田污染控制标准，建立监测体系，严格工业和城镇污染物处理和达标排放，依法禁止未经处理达标的工业和城镇污染物进入农田、养殖水域等农业区域。强化经常性执法监管制度建设。出台耕地土壤污染治理及效果评价标准，开展污染耕地分类治理。

（十三）健全农业投入品减量使用制度

继续实施化肥农药使用量零增长行动，推广有机肥替代化肥、测土配方施肥，强化病虫害统防统治和全程绿色防控。完善农药风险评估技术标准体系，加快实施高剧毒农药替代计划。规范限量使用饲料添加剂，减量使用兽用抗菌药物。建立农业投入品电子追溯制度，严格农业投入品生产和使用管理，支持低消耗、低残留、低污染农业投入品生产。

（十四）完善秸秆和畜禽粪污等资源化利用制度

严格依法落实秸秆禁烧制度，整县推进秸秆全量化综合利用，优先开展就地还田。推进秸秆发电并网运行和全额保障性收购，开展秸秆高值化、产业化利用，落实好沼气、秸秆等可再生能源电价政策。开展尾菜、农产品加工副产物资源化利用。以沼气和生物天然气为主要处理方向，以农用有机肥和农村能源为主要利用方向，强化畜禽粪污资源化利用，依法落实规模养殖环境评价准入制度，明确地方政府属地责任和规模养殖场主体责任。依据土地利用规划，积极保障秸秆和畜禽粪污资源化利用用地。健全病死畜禽无害化处理体系，引导病死畜禽集中处理。

（十五）完善废旧地膜和包装废弃物等回收处理制度

加快出台新的地膜标准，依法强制生产、销售和使用符合标准的加厚地膜，以县为单位开展地膜使用全回收、消除土壤残留等试验试点。建立农药包装废弃物等回收和集中处理体系，落实使用者妥善收集、生产者和经营者回收处理的责任。

五、养护修复农业生态系统

（十六）构建田园生态系统

遵循生态系统整体性、生物多样性规律，合理确定种养规模，建设完善生物缓冲带、防护林网、灌溉渠系等田间基础设施，恢复田间生物群落和生态链，实现农田生态循环和稳定。优化乡村种植、养殖、居住等功能布局，拓展农业多种功能，打造种养结合、生态循环、环境优美的田园生态系统。

（十七）创新草原保护制度

健全草原产权制度，规范草原经营权流转，探索建立全民所有草原资源有偿使用和分级行使所有权制度。落实草原生态保护补助奖励政策，严格实施草原禁牧休牧轮牧和草畜平衡制度，防止超载过牧。加强严重退化、沙化草原治理。完善草原监管制度，加强草原监理体系建设，强化草原征占用审核审批管理，落实土地用途管制制度。

（十八）健全水生生态保护修复制度

科学划定江河湖海限捕、禁捕区域，健全海洋伏季休渔和长江、黄河、珠江等重点河流禁渔期制度，率先在长江流域水生生物保护区实现全面禁捕，严厉打击"绝户网"等非法捕捞行为。实施海洋渔业资源总量管理制度，完善渔船管理制度，建立幼鱼资源保护机制，开展捕捞限额试点，推进海洋牧场建设。完善水生生物增殖放流，加强水生生物资源养护。因地制宜实施河湖水系自然连通，确定河道砂石禁采区、禁采期。

（十九）实行林业和湿地养护制度

建设覆盖全面、布局合理、结构优化的农田防护林和村镇绿化林带。严格实施湿地分级管理制度，严格保护国际重要湿地、国家重要湿地、国家级湿地自然保护区和国家湿地公园等重要湿地。开展退化湿地恢复和修复，严格控制开发利用和围垦强度。加快构建退耕还林还草、退耕还湿、防沙治沙，以及石漠化、水土流失综合生态治理长效机制。

六、健全创新驱动与约束激励机制

（二十）构建支撑农业绿色发展的科技创新体系

完善科研单位、高校、企业等各类创新主体协同攻关机制，开展以农业绿色生产为重点的科技联合攻关。在农业投入品减量高效利用、种业主要作物联合攻关、有害生物绿色防控、废弃物资源化利用、产地环境修复和农产品绿色加工贮藏等领域尽快取得一批突破性科研成果。完善农业绿色科技创新成果评价和转化机制，探索建立农业技术环境风险评估体系，加快成熟适用绿色技术、绿色品种的示范、推广和应用。借鉴国际农业绿色发展经验，加强国际间科技和成果交流合作。

（二十一）完善农业生态补贴制度

建立与耕地地力提升和责任落实相挂钩的耕地地力保护补贴机制。改革完善农产品价格形成机制，深化棉花目标价格补贴，统筹玉米和大豆生产者补贴，坚持补贴向优势区倾斜，减少或退出非优势区补贴。改革渔业补贴政策，支持捕捞渔民减船转产、海洋牧场建设、增殖放流等资源养护措施。完善耕地、草原、森林、湿地、水生生物等生态补偿政策，继续支持退耕还林还草。有效利用绿色金融激励机制，探索绿色金融服务农业绿色发展的有效方式，加大绿色信贷及专业化担保支持力度，创新绿色生态农业保险产品。加大政府和社会资本合作（PPP）在农业绿色发展领域的推广应用，引导社会资本投向农业资源节约、废弃物资源化利用、动物疫病净化和生态保护修复等领域。

（二十二）建立绿色农业标准体系

清理、废止与农业绿色发展不适应的标准和行业规范。制定并修订农兽药残留、畜禽屠宰、饲料卫生安全、冷链物流、畜禽粪污资源化利用、水产养殖尾水排放等国家标准和行业标准。强化农产品质量安全认证机构监管和认证过程管控。改革无公害农产品认证制度，加快建立统一的绿色农产品市场准入标准，提升绿色食品、有机农产品和地理标志农产品等认证的公信力和权威性。实施农业绿色品牌战略，培育具有区域优势特色和国际竞争力的农产品区域公用品牌、企业品牌和产品品牌。加强农产品质量安全全程监管，健全与市场准入相衔接的食用农产品合格证制度，依托现有资源建立国家农产品质量安全追溯管理平台，加快农产品质量安全追溯体系建设。积极参与国际标准的制定修订，推进农产品认证结果互认。

（二十三）完善绿色农业法律法规体系

研究制定、修订体现农业绿色发展需求的法律法规，完善耕地保护、农业污染防治、农业生态保护、农业投入品管理等方面的法律制度。开展农业节约用水立法研究工作。加大执法和监督力度，依法打击破坏农业资源环境的违法行为。健全重大环境事件和污染事故责任追究制度及损害赔偿制度，提高违法成本和惩罚标准。

（二十四）建立农业资源环境生态监测预警体系

建立耕地、草原、渔业水域、生物资源、产地环境以及农产品生产、市场、消费信息监测体系，加强基础设施建设，统一标准方法，实时监测报告，科学分析评价，及时发布预警。定期监测农业资源环境承载能力，建立重要农业资源台账制度，构建充分体现资源稀缺和损耗程度的生产成本核算机制，研究农业生态价值统计方法。充分利用农业信息技术，构建天空地数字农业管理系统。

（二十五）健全农业人才培养机制

把节约利用农业资源、保护产地环境、提升生态服务功能等内容纳入农业人才培养范畴，培养一批具有绿色发展理念、掌握绿色生产技术技能的农业人才和新型职业农民。积极培育新型农业经营主体，鼓励其率先开展绿色生产。健全生态管护员制度，在生态环境脆弱地区因地制宜增加护林员、草管员等公益岗位。

七、保障措施

（二十六）落实领导责任

地方各级党委和政府要加强组织领导，把农业绿色发展纳入领导干部任期生态文明建设责任制内容。农业部要发挥好牵头协调作用，会同有关部门按照本意见的要求，抓紧研究制定具体实施方案，明确目标任务、职责分工和具体要求，建立农业绿色发展推进机制，确保各项政策措施落到实处，重要情况要及时向党中央、国务院报告。

（二十七）实施农业绿色发展全民行动

在生产领域，推行畜禽粪污资源化利用、有机肥替代化肥、秸秆综合利用、农膜回收、水生生物保护，以及投入品绿色生产、加工流通绿色循环、营销包装低耗低碳等绿色生产方式。在消费领域，从国民教育、新闻宣传、科学普及、思想文化等方面入手，持续开展"光盘行动"，推动形成厉行节约、反对浪费、抵制奢侈、低碳循环等绿色生活方式。

（二十八）建立考核奖惩制度

依据绿色发展指标体系，完善农业绿色发展评价指标，适时开展部门联合督查。结合生态文明建设目标评价考核工作，对农业绿色发展情况进行评价和考核。建立奖惩机制，对农业绿色发展中取得显著成绩的单位和个人，按照有关规定给予表彰，对落实不力的进行问责。

三、2017年《关于农业百万实用型人才的培训》

为进一步推进农产品加工业人才、全国农村创业创新人才、休闲农业和乡村旅游人才培训工作，农业部组织制定了《全国农产品加工业人才培训行动方案》《全国农村创业创新人才培训行动方案》和《全国休闲农业和乡村旅游人才培训行动方案》，将组织开展三类人才培训工作。

行动目标：

2018—2020年，在全国开展农产品加工业、农村创业创新、休闲农业和乡村旅游百万人才培训行动，累计培训各类人才100万人次。其中，以科技创新与推广、经营管理、企业家和职业技能人才为重点，培训农产品加工业人才45万人次；以农村创业创新人员、企业家、创业导师等为重点，培训农村创业创新人才40万人次；以规划设计、经营管理、服务导览人才为重点，培训休闲农业和乡村旅游人才15万人次。

保障措施：

（一）多渠道增加培训投入。积极争取各级财政经费用于开展农产品加工业、农村创业创新、休闲农业和乡村旅游人才培训工作。主动与人力资源、教育、科技等部门沟通协调，充分利用新型职业农民培育工程和农村实用人才带头人培训项目，开展三类人才培训。指导市、县两级农业管理部门因地制宜制定人才培训计划，充分调动市、县两级农业管理部门积极性，把培训工作与地方的农产品加工业、农村创业创新、休闲农业和乡村旅游工作相结合，多层级组织好人才培训工作。

（二）广泛整合培训资源。通过政府购买服务、专项资金支持、市场化运作等方式，鼓励和支持各类农业园区、科研机构、大专院校、生产企业、社团组织等积极参与三类人才培训行动，形成大联合、大协作、大培训格局。加强农产品加工业培训鉴定机构的能力建设，充分发挥各级农业广播电视学校和农村实用人才培训基地的作用。组建开放共享、动态管理的人才培训师资库。开展优秀教材、精品网络课件等教学资源评价推介活动，鼓励各地共建共享优质教学资源。

（三）积极创新培训方法。坚持理论与实践相结合、课堂讲授与现场实训相结合、线上培训与线下培训相结合，不断创新和丰富培训方式方法。充分利用互联网等现代信息技术手段，为学员提供灵活便捷、智能高效的在线培训、移动互联服务和全程跟踪指导。在具备条件的培训科目中，改变传统的"填鸭式"教学方式，积极推行互动教学、案例教学、现场教学，设置更多研讨环节，促进教学相长，鼓励学员之间相互交流、相互学习、相互启发。

（四）切实提高培训质量。增强培训的精准性，鼓励各类培训机构针对不同培训对象开展个性化、定制化培训，增强培训方案的针对性，确保培训效果。通过跟班督查、随机抽查等方式，加强对各类培训班次的过程监管。组织开展培训满意度调查，探索对培训质量和效果开展第三方评估，及时根据调查或评估结果改进培训组织工作。

（五）认真做好总结宣传。加强对三类人才培训工作的宣传引导，深入总结宣传各地组织开展三类人才培训行动的成功经验和做法，加强学习交流，相互促进，共同提高。充分借助各种媒体资源，特别是用好新媒体新技术，形成全媒体报道格局，多角度全方位地宣传人才培训行动，努力营造全社会共同关心、支持人才培训工作的良好舆论氛围。

图3-7　农业发展相关文件

四、2018年中央一号文件

中共中央 国务院关于实施乡村振兴战略的意见

中发〔2018〕一号（2018年1月2日）

实施乡村振兴战略，是党的"十九大"作出的重大决策部署，是决胜全面建成小康社会、全面建设社会主义现代化国家的重大历史任务，是新时代"三农"工作的总抓手。现就实施乡村振兴战略提出如下意见。

一、新时代实施乡村振兴战略的重大意义

党的"十八大"以来，在以习近平同志为核心的党中央坚强领导下，我们坚持把解决好"三农"问题作为全党工作重中之重，持续加大强农、惠农、富农政策力度，扎实推进农业现代化和新农村建设，全面深化农村改革，农业农村发展取得了历史性成就，为党和国家事业全面开创新局面提供了重要支撑。5年来，粮食生产能力跨上新台阶，农业供给侧结构性改革迈出新步伐，农民收入持续增长，农村民生全面改善，脱贫攻坚战取得决定性进展，农村生态文明建设显著加

强，农民获得感显著提升，农村社会稳定和谐。农业农村发展取得的重大成就和"三农"工作积累的丰富经验，为实施乡村振兴战略奠定了良好基础。

农业农村农民问题是关系国计民生的根本性问题。没有农业农村的现代化，就没有国家的现代化。当前，我国发展不平衡不充分问题在乡村最为突出，主要表现在：农产品阶段性供过于求和供给不足并存，农业供给质量亟待提高；农民适应生产力发展和市场竞争的能力不足，新型职业农民队伍建设亟需加强；农村基础设施和民生领域欠账较多，农村环境和生态问题比较突出，乡村发展整体水平亟待提升；国家支农体系相对薄弱，农村金融改革任务繁重，城乡之间要素合理流动机制亟待健全；农村基层党建存在薄弱环节，乡村治理体系和治理能力亟待强化。实施乡村振兴战略，是解决人民日益增长的美好生活需要和不平衡不充分的发展之间矛盾的必然要求，是实现"两个一百年"奋斗目标的必然要求，是实现全体人民共同富裕的必然要求。

在中国特色社会主义新时代，乡村是一个可以大有作为的广阔天地，迎来了难得的发展机遇。我们有党的领导的政治优势，有社会主义的制度优势，有亿万农民的创造精神，有强大的经济实力支撑，有历史悠久的农耕文明，有旺盛的市场需求，完全有条件有能力实施乡村振兴战略。必须立足国情农情，顺势而为，切实增强责任感使命感紧迫感，举全党全国全社会之力，以更大的决心、更明确的目标、更有力的举措，推动农业全面升级、农村全面进步、农民全面发展，谱写新时代乡村全面振兴新篇章。

二、实施乡村振兴战略的总体要求

（一）指导思想。全面贯彻党的"十九大"精神，以习近平新时代中国特色社会主义思想为指导，加强党对"三农"工作的领导，坚持稳中求进工作总基调，牢固树立新发展理念，落实高质量发展的要求，紧紧围绕统筹推进"五位一体"总体布局和协调推进"四个全面"战略布局，坚持把解决好"三农"问题作为全党工作重中之重，坚持农业农村优先发展，按照产业兴旺、生态宜居、乡风文明、治理有效、生活富裕的总要求，建立健全城乡融合发展体制机制和政策体系，统筹推进农村经济建设、政治建设、文化建设、社会建设、生态文明建设和党的建设，加快推进乡村治理体系和治理能力现代化，加快推进农业农村现代化，走中国特色社会主义乡村振兴道路，让农业成为有奔头的产业，让农民成为有吸引力的职业，让农村成为安居乐业的美丽家园。

（二）目标任务。按照党的"十九大"提出的决胜全面建成小康社会、分两个阶段实现第二个百年奋斗目标的战略安排，实施乡村振兴战略的目标任务是：

到2020年，乡村振兴取得重要进展，制度框架和政策体系基本形成。农业综合生产能力稳步提升，农业供给体系质量明显提高，农村一二三产业融合发展水平进一步提升；农民增收渠道进一步拓宽，城乡居民生活水平差距持续缩小；现行标准下农村贫困人口实现脱贫，贫困县全部摘帽，解决区域性整体贫困；农村基础设施建设深入推进，农村人居环境明显改善，美丽宜居乡村建设扎实推进；城乡基本公共服务均等化水平进一步提高，城乡融合发展体制机制初步建立；农村对人才吸引力逐步增强；农村生态环境明显好转，农业生态服务能力进一步提高；以党组织为核心的农村基层组织建设进一步加强，乡村治理体系进一步完善；党的农村工作领导体制机制进一步健全；各地区各部门推进乡村振兴的思路举措得以确立。

到2035年，乡村振兴取得决定性进展，农业农村现代化基本实现。农业结构得到根本性改善，农民就业质量显著提高，相对贫困进一步缓解，共同富裕迈出坚实步伐；城乡基本公共服务均等化基本实现，城乡融合发展体制机制更加完善；乡风文明达到新高度，乡村治理体系更加完善；农村生态环境根本好转，美丽宜居乡村基本实现。

到2050年，乡村全面振兴，农业强、农村美、农民富全面实现。

（三）基本原则

——坚持党管农村工作。毫不动摇地坚持和加强党对农村工作的领导，健全党管农村工作领导体制机制和党内法规，确保党在农村工作中始终总揽全局、协调各方，为乡村振兴提供坚强有力的政治保障。

——坚持农业农村优先发展。把实现乡村振兴作为全党的共同意志、共同行动，做到认识统一、步调一致，在干部配备上优先考虑，在要素配置上优先满足，在资金投入上优先保障，在公共服务上优先安排，加快补齐农业农村短板。

——坚持农民主体地位。充分尊重农民意愿，切实发挥农民在乡村振兴中的主体作用，调动亿万农民的积极性、主动性、创造性，把维护农民群众根本利益、促进农民共同富裕作为出发点和落脚点，促进农民持续增收，不断提升农民的获得感、幸福感、安全感。

——坚持乡村全面振兴。准确把握乡村振兴的科学内涵，挖掘乡村多种功能和价值，统筹谋划农村经济建设、政治建设、文化建设、社会建设、生态文明建设和党的建设，注重协同性、关联性，整体部署，协调推进。

——坚持城乡融合发展。坚决破除体制机制弊端，使市场在资源配置中起决定性作用，更好发挥政府作用，推动城乡要素自由流动、平等交换，推动新型工业化、信息化、城镇化、农业现代化同步发展，加快形成工农互促、城乡互补、全面融合、共同繁荣的新型工农城乡关系。

——坚持人与自然和谐共生。牢固树立和践行绿水青山就是金山银山的理念，落实节约优先、保护优先、自然恢复为主的方针，统筹山水林田湖草系统治理，严守生态保护红线，以绿色发展引领乡村振兴。

——坚持因地制宜、循序渐进。科学把握乡村的差异性和发展走势分化特征，做好顶层设计，注重规划先行、突出重点、分类施策、典型引路。既尽力而为，又量力而行，不搞层层加码，不搞一刀切，不搞形式主义，久久为功，扎实推进。

三、提升农业发展质量，培育乡村发展新动能

乡村振兴，产业兴旺是重点。必须坚持质量兴农、绿色兴农，以农业供给侧结构性改革为主线，加快构建现代农业产业体系、生产体系、经营体系，提高农业创新力、竞争力和全要素生产率，加快实现由农业大国向农业强国转变。

（一）夯实农业生产能力基础。深入实施藏粮于地、藏粮于技战略，严守耕地红线，确保国家粮食安全，把中国人的饭碗牢牢端在自己手中。全面落实永久基本农田特殊保护制度，加快划定和建设粮食生产功能区、重要农产品生产保护区，完善支持政策。大规模推进农村土地整治和高标准农田建设，稳步提升耕地质量，强化监督考核和地方政府责任。加强农田水利建设，提高抗旱防洪除涝能力。实施国家农业节水行动，加快灌区续建配套与现代化改造，推进小型农田水利设施达标提质，建设一批重大高效节水灌溉工程。加快建设国家农业科技创新体系，加强面向全行业的科技创新基地建设。深化农业科技成果转化和推广应用改革。加快发展现代农作物、畜禽、水产、林木种业，提升自主创新能力。高标准建设国家南繁育种基地。推进我国农机装备产业转型升级，加强科研机构、设备制造企业联合攻关，进一步提高大宗农作物机械国产化水平，加快研发经济作物、养殖业、丘陵山区农林机械，发展高端农机装备制造。优化农业从业者结构，加快建设知识型、技能型、创新型农业经营者队伍。大力发展数字农业，实

施智慧农业林业水利工程，推进物联网试验示范和遥感技术应用。

（二）实施质量兴农战略。制定和实施国家质量兴农战略规划，建立健全质量兴农评价体系、政策体系、工作体系和考核体系。深入推进农业绿色化、优质化、特色化、品牌化，调整优化农业生产力布局，推动农业由增产导向转向提质导向。推进特色农产品优势区创建，建设现代农业产业园、农业科技园。实施产业兴村强县行动，推行标准化生产，培育农产品品牌，保护地理标志农产品，打造一村一品、一县一业发展新格局。加快发展现代高效林业，实施兴林富民行动，推进森林生态标志产品建设工程。加强植物病虫害、动物疫病防控体系建设。优化养殖业空间布局，大力发展绿色生态健康养殖，做大、做强民族奶业。统筹海洋渔业资源开发，科学布局近远海养殖和远洋渔业，建设现代化海洋牧场。建立产、学、研融合的农业科技创新联盟，加强农业绿色生态、提质增效技术研发应用。切实发挥农垦在质量兴农中的带动引领作用。实施食品安全战略，完善农产品质量和食品安全标准体系，加强农业投入品和农产品质量安全追溯体系建设，健全农产品质量和食品安全监管体制，重点提高基层监管能力。

（三）构建农村一二三产业融合发展体系。大力开发农业多种功能，延长产业链、提升价值链、完善利益链，通过保底分红、股份合作、利润返还等多种形式，让农民合理分享全产业链增值收益。实施农产品加工业提升行动，鼓励企业兼并重组，淘汰落后产能，支持主产区农产品就地加工转化增值。重点解决农产品销售中的突出问题，加强农产品产后分级、包装、营销，建设现代化农产品冷链仓储物流体系，打造农产品销售公共服务平台，支持供销、邮政及各类企业把服务网点延伸到乡村，健全农产品产销稳定衔接机制，大力建设具有广泛性的促进农村电子商务发展的基础设施，鼓励支持各类市场主体创新发展基于互联网的新型农业产业模式，深入实施电子商务进农村综合示范，加快推进农村流通现代化。实施休闲农业和乡村旅游精品工程，建设一批设施完备、功能多样的休闲观光园区、森林人家、康养基地、乡村民宿、特色小镇。对利用闲置农房发展民宿、养老等项目，研究出台消防、特种行业经营等领域便利市场准入、加强事中、事后监管的管理办法。发展乡村共享经济、创意农业、特色文化产业。

（四）构建农业对外开放新格局。优化资源配置，着力节本增效，提高我国农产品国际竞争力。实施特色优势农产品出口提升行动，扩大高附加值农产品出口。建立健全我国农业贸易政策体系。深化与"一带一路"沿线国家和地区农产品贸易关系。积极支持农业"走出去"，培育具有国际竞争力的大粮商和农业企业集团。积极参与全球粮食安全治理和农业贸易规则制定，促进形成更加公平合理的农业国际贸易秩序。进一步加大农产品反走私综合治理力度。

（五）促进小农户和现代农业发展有机衔接。统筹兼顾培育新型农业经营主体和扶持小农户，采取有针对性的措施，把小农生产引入现代农业发展轨道。培育各类专业化市场化服务组织，推进农业生产全程社会化服务，帮助小农户节本增效。发展多样化的联合与合作，提升小农户组织化程度。注重发挥新型农业经营主体带动作用，打造区域公用品牌，开展农超对接、农社对接，帮助小农户对接市场。扶持小农户发展生态农业、设施农业、体验农业、定制农业，提高产品档次和附加值，拓展增收空间。改善小农户生产设施条件，提升小农户抗风险能力。研究制定扶持小农生产的政策意见。

四、推进乡村绿色发展，打造人与自然和谐共生发展新格局

乡村振兴，生态宜居是关键。良好生态环境是农村最大优势和宝贵财富。必须尊重自然、顺应自然、保护自然，推动乡村自然资本加快增值，实现百姓富、生态美的统一。

（一）统筹山水林田湖草系统治理。把山水林田湖草作为一个生命共同体，进行统一保护、统一修复。实施重要生态系统保护和修复工程。健全耕地草原森林河流湖泊休养生息制度，分类有序退出超载的边际产能。扩大耕地轮作休耕制度试点。科学划定江河湖海限捕、禁捕区域，健全水生生态保护修复制度。实行水资源消耗总量和强度双控行动。开展河湖水系连通和农村河塘清淤整治，全面推行河长制、湖长制。加大农业水价综合改革工作力度。开展国土绿化行动，推进荒漠化、石漠化、水土流失综合治理。强化湿地保护和恢复，继续开展退耕还湿。完善天然林保护制度，把所有天然林都纳入保护范围。扩大退耕还林还草、退牧还草，建立成果巩固长效机制。继续实施"三北"防护林体系建设等林业重点工程，实施森林质量精准提升工程。继续实施草原生态保护补助奖励政策。实施生物多样性保护重大工程，有效防范外来生物入侵。

（二）加强农村突出环境问题综合治理。加强农业面源污染防治，开展农业绿色发展行动，实现投入品减量化、生产清洁化、废弃物资源化、产业模式生态化。推进有机肥替代化肥、畜禽粪污处理、农作物秸秆综合利用、废弃农膜回收、病虫害绿色防控。加强农村水环境治理和农村饮用水水源保护，实施农村生

态清洁小流域建设。扩大华北地下水超采区综合治理范围。推进重金属污染耕地防控和修复，开展土壤污染治理与修复技术应用试点，加大东北黑土地保护力度。实施流域环境和近岸海域综合治理。严禁工业和城镇污染向农业农村转移。加强农村环境监管能力建设，落实县乡两级农村环境保护主体责任。

（三）建立市场化多元化生态补偿机制。落实农业功能区制度，加大重点生态功能区转移支付力度，完善生态保护成效与资金分配挂钩的激励约束机制。鼓励地方在重点生态区位推行商品林赎买制度。健全地区间、流域上下游之间横向生态保护补偿机制，探索建立生态产品购买、森林碳汇等市场化补偿制度。建立长江流域重点水域禁捕补偿制度。推行生态建设和保护以工代赈做法，提供更多生态公益岗位。

（四）增加农业生态产品和服务供给。正确处理开发与保护的关系，运用现代科技和管理手段，将乡村生态优势转化为发展生态经济的优势，提供更多、更好的绿色生态产品和服务，促进生态和经济良性循环。加快发展森林草原旅游、河湖湿地观光、冰雪海上运动、野生动物驯养观赏等产业，积极开发观光农业、游憩休闲、健康养生、生态教育等服务。创建一批特色生态旅游示范村镇和精品线路，打造绿色生态环保的乡村生态旅游产业链。

五、繁荣兴盛农村文化，焕发乡风文明新气象

乡村振兴，乡风文明是保障。必须坚持物质文明和精神文明一起抓，提升农民精神风貌，培育文明乡风、良好家风、淳朴民风，不断提高乡村社会文明程度。

（一）加强农村思想道德建设。以社会主义核心价值观为引领，坚持教育引导、实践养成、制度保障三管齐下，采取符合农村特点的有效方式，深化中国特色社会主义和中国梦宣传教育，大力弘扬民族精神和时代精神。加强爱国主义、集体主义、社会主义教育，深化民族团结进步教育，加强农村思想文化阵地建设。深入实施公民道德建设工程，挖掘农村传统道德教育资源，推进社会公德、职业道德、家庭美德、个人品德建设。推进诚信建设，强化农民的社会责任意识、规则意识、集体意识、主人翁意识。

（二）传承发展提升农村优秀传统文化。立足乡村文明，吸取城市文明及外来文化优秀成果，在保护传承的基础上，创造性转化、创新性发展，不断赋予时代内涵、丰富表现形式。切实保护好优秀农耕文化遗产，推动优秀农耕文化遗产合理适度利用。深入挖掘农耕文化蕴含的优秀思想观念、人文精神、道德规范，充分发挥其在凝聚人心、教化群众、淳化民风中的重要作用。划定乡村建设的历史文化保护线，保护好文物古迹、传统村落、民族村寨、传统建筑、农业遗迹、灌溉工程遗产。支持农村地区优秀戏曲曲艺、少数民族文化、民间文化等传承发展。

（三）加强农村公共文化建设。按照有标准、有网络、有内容、有人才的要求，健全乡村公共文化服务体系。发挥县级公共文化机构辐射作用，推进基层综合性文化服务中心建设，实现乡村两级公共文化服务全覆盖，提升服务效能。深入推进文化惠民，公共文化资源要重点向乡村倾斜，提供更多更好的农村公共文化产品和服务。支持"三农"题材文艺创作生产，鼓励文艺工作者不断推出反映农民生产生活尤其是乡村振兴实践的优秀文艺作品，充分展示新时代农村农民的精神面貌。培育挖掘乡土文化本土人才，开展文化结对帮扶，引导社会各界人士投身乡村文化建设。活跃繁荣农村文化市场，丰富农村文化业态，加强农村文化市场监管。

（四）开展移风易俗行动。广泛开展文明村镇、星级文明户、文明家庭等群众性精神文明创建活动。遏制大操大办、厚葬薄养、人情攀比等陈规陋习。加强无神论宣传教育，丰富农民群众精神文化生活，抵制封建迷信活动。深化农村殡葬改革。加强农村科普工作，提高农民科学文化素养。

六、加强农村基层基础工作，构建乡村治理新体系

乡村振兴，治理有效是基础。必须把夯实基层基础作为固本之策，建立健全党委领导、政府负责、社会协同、公众参与、法治保障的现代乡村社会治理体制，坚持自治、法治、德治相结合，确保乡村社会充满活力、和谐有序。

（一）加强农村基层党组织建设。扎实推进抓党建促乡村振兴，突出政治功能，提升组织力，抓乡促村，把农村基层党组织建成坚强战斗堡垒。强化农村基层党组织领导核心地位，创新组织设置和活动方式，持续整顿软弱涣散村党组织，稳妥有序开展不合格党员处置工作，着力引导农村党员发挥先锋模范作用。建立选派第一书记工作长效机制，全面向贫困村、软弱涣散村和集体经济薄弱村党组织派出第一书记。实施农村带头人队伍整体优化提升行动，注重吸引高校毕业生、农民工、机关企事业单位优秀党员干部到村任职，选优配强村党组织书记。健全从优秀村党组织书记中选拔乡镇领导干部、考录乡镇机关公务员、招聘

乡镇事业编制人员制度。加大在优秀青年农民中发展党员力度。建立农村党员定期培训制度。全面落实村级组织运转经费保障政策。推行村级小微权力清单制度，加大基层小微权力腐败惩处力度。严厉整治惠农补贴、集体资产管理、土地征收等领域侵害农民利益的不正之风和腐败问题。

（二）深化村民自治实践。坚持自治为基，加强农村群众性自治组织建设，健全和创新村党组织领导的充满活力的村民自治机制。推动村党组织书记通过选举担任村委会主任。发挥自治章程、村规民约的积极作用。全面建立健全村务监督委员会，推行村级事务阳光工程。依托村民会议、村民代表会议、村民议事会、村民理事会、村民监事会等，形成民事民议、民事民办、民事民管的多层次基层协商格局。积极发挥新乡贤作用。推动乡村治理重心下移，尽可能把资源、服务、管理下放到基层。继续开展以村民小组或自然村为基本单元的村民自治试点工作。加强农村社区治理创新。创新基层管理体制机制，整合优化公共服务和行政审批职责，打造"一门式办理"、"一站式服务"的综合服务平台。在村庄普遍建立网上服务站点，逐步形成完善的乡村便民服务体系。大力培育服务性、公益性、互助性农村社会组织，积极发展农村社会工作和志愿服务。集中清理上级对村级组织考核评比多、创建达标多、检查督查多等突出问题。维护村民委员会、农村集体经济组织、农村合作经济组织的特别法人地位和权利。

（三）建设法治乡村。坚持法治为本，树立依法治理理念，强化法律在维护农民权益、规范市场运行、农业支持保护、生态环境治理、化解农村社会矛盾等方面的权威地位。增强基层干部法治观念、法治为民意识，将政府涉农各项工作纳入法治化轨道。深入推进综合行政执法改革向基层延伸，创新监管方式，推动执法队伍整合、执法力量下沉，提高执法能力和水平。建立健全乡村调解、县市仲裁、司法保障的农村土地承包经营纠纷调处机制。加大农村普法力度，提高农民法治素养，引导广大农民增强尊法学法守法用法意识。健全农村公共法律服务体系，加强对农民的法律援助和司法救助。

（四）提升乡村德治水平。深入挖掘乡村熟人社会蕴含的道德规范，结合时代要求进行创新，强化道德教化作用，引导农民向上向善、孝老爱亲、重义守信、勤俭持家。建立道德激励约束机制，引导农民自我管理、自我教育、自我服务、自我提高，实现家庭和睦、邻里和谐、干群融洽。广泛开展好媳妇、好儿女、好公婆等评选表彰活动，开展寻找最美乡村教师、医生、村官、家庭等活动。深入宣传道德模范、身边好人的典型事迹，弘扬真善美，传播正能量。

（五）建设平安乡村。健全落实社会治安综合治理领导责任制，大力推进农村社会治安防控体系建设，推动社会治安防控力量下沉。深入开展扫黑除恶专项斗争，严厉打击农村黑恶势力、宗族恶势力，严厉打击黄赌毒盗拐骗等违法犯罪。依法加大对农村非法宗教活动和境外渗透活动打击力度，依法制止利用宗教干预农村公共事务，继续整治农村乱建庙宇、滥塑宗教造像。完善县乡村三级综治中心功能和运行机制。健全农村公共安全体系，持续开展农村安全隐患治理。加强农村警务、消防、安全生产工作，坚决遏制重特大安全事故。探索以网格化管理为抓手、以现代信息技术为支撑，实现基层服务和管理精细化精准化。推进农村"雪亮工程"建设。

七、提高农村民生保障水平，塑造美丽乡村新风貌

乡村振兴，生活富裕是根本。要坚持人人尽责、人人享有，按照抓重点、补短板、强弱项的要求，围绕农民群众最关心最直接最现实的利益问题，一件事情接着一件事情办，一年接着一年干，把乡村建设成为幸福美丽新家园。

（一）优先发展农村教育事业。高度重视发展农村义务教育，推动建立以城带乡、整体推进、城乡一体、均衡发展的义务教育发展机制。全面改善薄弱学校基本办学条件，加强寄宿制学校建设。实施农村义务教育学生营养改善计划。发展农村学前教育。推进农村普及高中阶段教育，支持教育基础薄弱县普通高中建设，加强职业教育，逐步分类推进中等职业教育免除学杂费。健全学生资助制度，使绝大多数农村新增劳动力接受高中阶段教育、更多接受高等教育。把农村需要的人群纳入特殊教育体系。以市县为单位，推动优质学校辐射农村薄弱学校常态化。统筹配置城乡师资，并向乡村倾斜，建好建强乡村教师队伍。

（二）促进农村劳动力转移就业和农民增收。健全覆盖城乡的公共就业服务体系，大规模开展职业技能培训，促进农民工多渠道转移就业，提高就业质量。深化户籍制度改革，促进有条件、有意愿、在城镇有稳定就业和住所的农业转移人口在城镇有序落户，依法平等享受城镇公共服务。加强扶持引导服务，实施乡村就业创业促进行动，大力发展文化、科技、旅游、生态等乡村特色产业，振兴传统工艺。培育一批家庭工场、手工作坊、乡村车间，鼓励在乡村地区兴办环境友好型企业，实现乡村经济多元化，提供更多就业岗位。拓宽农民增收渠道，鼓励农民勤劳守法致富，增加农村低收入者收入，扩大农村中等收入群体，保持农

村居民收入增速快于城镇居民。

八、打好精准脱贫攻坚战，增强贫困群众获得感

乡村振兴，摆脱贫困是前提。必须坚持精准扶贫、精准脱贫，把提高脱贫质量放在首位，既不降低扶贫标准，也不吊高胃口，采取更加有力的举措、更加集中的支持、更加精细的工作，坚决打好精准脱贫这场对全面建成小康社会具有决定性意义的攻坚战。

（一）瞄准贫困人口精准帮扶。对有劳动能力的贫困人口，强化产业和就业扶持，着力做好产销衔接、劳务对接，实现稳定脱贫。有序推进易地扶贫搬迁，让搬迁群众搬得出、稳得住、能致富。对完全或部分丧失劳动能力的特殊贫困人口，综合实施保障性扶贫政策，确保病有所医、残有所助、生活有兜底。做好农村最低生活保障工作的动态化精细化管理，把符合条件的贫困人口全部纳入保障范围。

（二）聚焦深度贫困地区集中发力。全面改善贫困地区生产生活条件，确保实现贫困地区基本公共服务主要指标接近全国平均水平。以解决突出制约问题为重点，以重大扶贫工程和到村到户帮扶为抓手，加大政策倾斜和扶贫资金整合力度，着力改善深度贫困地区发展条件，增强贫困农户发展能力，重点攻克深度贫困地区脱贫任务。新增脱贫攻坚资金项目主要投向深度贫困地区，增加金融投入对深度贫困地区的支持，新增建设用地指标优先保障深度贫困地区发展用地需要。

（三）激发贫困人口内生动力。把扶贫同扶志、扶智结合起来，把救急纾困和内生脱贫结合起来，提升贫困群众发展生产和务工经商的基本技能，实现可持续稳固脱贫。引导贫困群众克服等靠要思想，逐步消除精神贫困。要打破贫困均衡，促进形成自强自立、争先脱贫的精神风貌。改进帮扶方式方法，更多采用生产奖补、劳务补助、以工代赈等机制，推动贫困群众通过自己的辛勤劳动脱贫致富。

（四）强化脱贫攻坚责任和监督。坚持中央统筹省负总责市县抓落实的工作机制，强化党政一把手负总责的责任制。强化县级党委作为全县脱贫攻坚总指挥部的关键作用，脱贫攻坚期内贫困县县级党政正职要保持稳定。开展扶贫领域腐败和作风问题专项治理，切实加强扶贫资金管理，对挪用和贪污扶贫款项的行为严惩不贷。将2018年作为脱贫攻坚作风建设年，集中力量解决突出作风问题。科

学确定脱贫摘帽时间，对弄虚作假、搞数字脱贫的严肃查处。完善扶贫督查巡查、考核评估办法，除党中央、国务院统一部署外，各部门一律不准再组织其他检查考评。严格控制各地开展增加一线扶贫干部负担的各类检查考评，切实给基层减轻工作负担。关心爱护战斗在扶贫第一线的基层干部，制定激励政策，为他们工作生活排忧解难，保护和调动他们的工作积极性。做好实施乡村振兴战略与打好精准脱贫攻坚战的有机衔接。制定坚决打好精准脱贫攻坚战三年行动指导意见。研究提出持续减贫的意见。

九、推进体制机制创新，强化乡村振兴制度性供给

实施乡村振兴战略，必须把制度建设贯穿其中。要以完善产权制度和要素市场化配置为重点，激活主体、激活要素、激活市场，着力增强改革的系统性、整体性、协同性。

（一）巩固和完善农村基本经营制度。落实农村土地承包关系稳定并长久不变政策，衔接落实好第二轮土地承包到期后再延长30年的政策，让农民吃上长效"定心丸"。全面完成土地承包经营权确权登记颁证工作，实现承包土地信息联通共享。完善农村承包地"三权分置"制度，在依法保护集体土地所有权和农户承包权前提下，平等保护土地经营权。农村承包土地经营权可以依法向金融机构融资担保、入股从事农业产业化经营。实施新型农业经营主体培育工程，培育发展家庭农场、合作社、龙头企业、社会化服务组织和农业产业化联合体，发展多种形式适度规模经营。

（二）深化农村土地制度改革。系统总结农村土地征收、集体经营性建设用地入市、宅基地制度改革试点经验，逐步扩大试点，加快土地管理法修改，完善农村土地利用管理政策体系。扎实推进房地一体的农村集体建设用地和宅基地使用权确权登记颁证。完善农民闲置宅基地和闲置农房政策，探索宅基地所有权、资格权、使用权"三权分置"，落实宅基地集体所有权，保障宅基地农户资格权和农民房屋财产权，适度放活宅基地和农民房屋使用权，不得违规违法买卖宅基地，严格实行土地用途管制，严格禁止下乡利用农村宅基地建设别墅大院和私人会馆。在符合土地利用总体规划前提下，允许县级政府通过村土地利用规划，调整优化村庄用地布局，有效利用农村零星分散的存量建设用地；预留部分规划建设用地指标用于单独选址的农业设施和休闲旅游设施等建设。对利用收储农村闲置建设用地发展农村新产业新业态的，给予新增建设用地指标奖励。进一步完善设施农用地政策。

（三）深入推进农村集体产权制度改革。全面开展农村集体资产清产核资、集体成员身份确认，加快推进集体经营性资产股份合作制改革。推动资源变资产、资金变股金、农民变股东，探索农村集体经济新的实现形式和运行机制。坚持农村集体产权制度改革正确方向，发挥村党组织对集体经济组织的领导核心作用，防止内部少数人控制和外部资本侵占集体资产。维护进城落户农民土地承包权、宅基地使用权、集体收益分配权，引导进城落户农民依法自愿有偿转让上述权益。研究制定农村集体经济组织法，充实农村集体产权权能。全面深化供销合作社综合改革，深入推进集体林权、水利设施产权等领域改革，做好农村综合改革、农村改革试验区等工作。

（四）完善农业支持保护制度。以提升农业质量效益和竞争力为目标，强化绿色生态导向，创新完善政策工具和手段，扩大"绿箱"政策的实施范围和规模，加快建立新型农业支持保护政策体系。深化农产品收储制度和价格形成机制改革，加快培育多元市场购销主体，改革完善中央储备粮管理体制。通过完善拍卖机制、定向销售、包干销售等，加快消化政策性粮食库存。落实和完善对农民直接补贴制度，提高补贴效能。健全粮食主产区利益补偿机制。探索开展稻谷、小麦、玉米三大粮食作物完全成本保险和收入保险试点，加快建立多层次农业保险体系。

十、汇聚全社会力量，强化乡村振兴人才支撑

实施乡村振兴战略，必须破解人才瓶颈制约。要把人力资本开发放在首要位置，畅通智力、技术、管理下乡通道，造就更多乡土人才，聚天下人才而用之。

（一）大力培育新型职业农民。全面建立职业农民制度，完善配套政策体系。实施新型职业农民培育工程。支持新型职业农民通过弹性学制参加中高等农业职业教育。创新培训机制，支持农民专业合作社、专业技术协会、龙头企业等主体承担培训。引导符合条件的新型职业农民参加城镇职工养老、医疗等社会保障制度。鼓励各地开展职业农民职称评定试点。

（二）加强农村专业人才队伍建设。建立县域专业人才统筹使用制度，提高农村专业人才服务保障能力。推动人才管理职能部门简政放权，保障和落实基层用人主体自主权。推行乡村教师"县管校聘"。实施好边远贫困地区、边疆民族地区和革命老区人才支持计划，继续实施"三支一扶"、特岗教师计划等，组

织实施高校毕业生基层成长计划。支持地方高等学校、职业院校综合利用教育培训资源，灵活设置专业（方向），创新人才培养模式，为乡村振兴培养专业化人才。扶持培养一批农业职业经理人、经纪人、乡村工匠、文化能人、非遗传承人等。

（三）发挥科技人才支撑作用。全面建立高等院校、科研院所等事业单位专业技术人员到乡村和企业挂职、兼职和离岗创新创业制度，保障其在职称评定、工资福利、社会保障等方面的权益。深入实施农业科研杰出人才计划和杰出青年农业科学家项目。健全种业等领域科研人员以知识产权明晰为基础、以知识价值为导向的分配政策。探索公益性和经营性农技推广融合发展机制，允许农技人员通过提供增值服务合理取酬。全面实施农技推广服务特聘计划。

（四）鼓励社会各界投身乡村建设。建立有效激励机制，以乡情乡愁为纽带，吸引支持企业家、党政干部、专家学者、医生教师、规划师、建筑师、律师、技能人才等，通过下乡担任志愿者、投资兴业、包村包项目、行医办学、捐资捐物、法律服务等方式服务乡村振兴事业。研究制定管理办法，允许符合要求的公职人员回乡任职。吸引更多人才投身现代农业，培养造就新农民。加快制定鼓励引导工商资本参与乡村振兴的指导意见，落实和完善融资贷款、配套设施建设补助、税费减免、用地等扶持政策，明确政策边界，保护好农民利益。发挥工会、共青团、妇联、科协、残联等群团组织的优势和力量，发挥各民主党派、工商联、无党派人士等积极作用，支持农村产业发展、生态环境保护、乡风文明建设、农村弱势群体关爱等。实施乡村振兴"巾帼行动"。加强对下乡组织和人员的管理服务，使之成为乡村振兴的建设性力量。

（五）创新乡村人才培育引进使用机制。建立自主培养与人才引进相结合，学历教育、技能培训、实践锻炼等多种方式并举的人力资源开发机制。建立城乡、区域、校地之间人才培养合作与交流机制。全面建立城市医生教师、科技文化人员等定期服务乡村机制。研究制定鼓励城市专业人才参与乡村振兴的政策。

十一、开拓投融资渠道，强化乡村振兴投入保障

实施乡村振兴战略，必须解决钱从哪里来的问题。要健全投入保障制度，创新投融资机制，加快形成财政优先保障、金融重点倾斜、社会积极参与的多元投入格局，确保投入力度不断增强、总量持续增加。

（一）确保财政投入持续增长。建立健全实施乡村振兴战略财政投入保障制

度,公共财政更大力度向"三农"倾斜,确保财政投入与乡村振兴目标任务相适应。优化财政供给结构,推进行业内资金整合与行业间资金统筹相互衔接配合,增加地方自主统筹空间,加快建立涉农资金统筹整合长效机制。充分发挥财政资金的引导作用,撬动金融和社会资本更多投向乡村振兴。切实发挥全国农业信贷担保体系作用,通过财政担保费率补助和以奖代补等,加大对新型农业经营主体支持力度。加快设立国家融资担保基金,强化担保融资增信功能,引导更多金融资源支持乡村振兴。支持地方政府发行一般债券用于支持乡村振兴、脱贫攻坚领域的公益性项目。稳步推进地方政府专项债券管理改革,鼓励地方政府试点发行项目融资和收益自平衡的专项债券,支持符合条件、有一定收益的乡村公益性项目建设。规范地方政府举债融资行为,不得借乡村振兴之名违法违规变相举债。

(二)拓宽资金筹集渠道。调整完善土地出让收入使用范围,进一步提高农业农村投入比例。严格控制未利用地开垦,集中力量推进高标准农田建设。改进耕地占补平衡管理办法,建立高标准农田建设等新增耕地指标和城乡建设用地增减挂钩节余指标跨省域调剂机制,将所得收益通过支出预算全部用于巩固脱贫攻坚成果和支持实施乡村振兴战略。推广一事一议、以奖代补等方式,鼓励农民对直接受益的乡村基础设施建设投工投劳,让农民更多参与建设管护。

(三)提高金融服务水平。坚持农村金融改革发展的正确方向,健全适合农业农村特点的农村金融体系,推动农村金融机构回归本源,把更多金融资源配置到农村经济社会发展的重点领域和薄弱环节,更好满足乡村振兴多样化金融需求。要强化金融服务方式创新,防止脱实向虚倾向,严格管控风险,提高金融服务乡村振兴能力和水平。抓紧出台金融服务乡村振兴的指导意见。加大中国农业银行、中国邮政储蓄银行"三农"金融事业部对乡村振兴支持力度。明确国家开发银行、中国农业发展银行在乡村振兴中的职责定位,强化金融服务方式创新,加大对乡村振兴中长期信贷支持。推动农村信用社省联社改革,保持农村信用社县域法人地位和数量总体稳定,完善村镇银行准入条件,地方法人金融机构要服务好乡村振兴。普惠金融重点要放在乡村。推动出台非存款类放贷组织条例。制定金融机构服务乡村振兴考核评估办法。支持符合条件的涉农企业发行上市、新三板挂牌和融资、并购重组,深入推进农产品期货期权市场建设,稳步扩大"保险+期货"试点,探索"订单农业+保险+期货(权)"试点。改进农村金融差异化监管体系,强化地方政府金融风险防范处置责任。

十二、坚持和完善党对"三农"工作的领导

实施乡村振兴战略是党和国家的重大决策部署，各级党委和政府要提高对实施乡村振兴战略重大意义的认识，真正把实施乡村振兴战略摆在优先位置，把党管农村工作的要求落到实处。

（一）完善党的农村工作领导体制机制。各级党委和政府要坚持工业农业一起抓、城市农村一起抓，把农业农村优先发展原则体现到各个方面。健全党委统一领导、政府负责、党委农村工作部门统筹协调的农村工作领导体制。建立实施乡村振兴战略领导责任制，实行中央统筹省负总责市县抓落实的工作机制。党政一把手是第一责任人，五级书记抓乡村振兴。县委书记要下大气力抓好"三农"工作，当好乡村振兴"一线总指挥"。各部门要按照职责，加强工作指导，强化资源要素支持和制度供给，做好协同配合，形成乡村振兴工作合力。切实加强各级党委农村工作部门建设，按照《中国共产党工作机关条例（试行）》有关规定，做好党的农村工作机构设置和人员配置工作，充分发挥决策参谋、统筹协调、政策指导、推动落实、督导检查等职能。各省（自治区、直辖市）党委和政府每年要向党中央、国务院报告推进实施乡村振兴战略进展情况。建立市县党政领导班子和领导干部推进乡村振兴战略的实绩考核制度，将考核结果作为选拔任用领导干部的重要依据。

（二）研究制定中国共产党农村工作条例。根据坚持党对一切工作的领导的要求和新时代"三农"工作新形势新任务新要求，研究制定中国共产党农村工作条例，把党领导农村工作的传统、要求、政策等以党内法规形式确定下来，明确加强对农村工作领导的指导思想、原则要求、工作范围和对象、主要任务、机构职责、队伍建设等，完善领导体制和工作机制，确保乡村振兴战略有效实施。

（三）加强"三农"工作队伍建设。把懂农业、爱农村、爱农民作为基本要求，加强"三农"工作干部队伍培养、配备、管理、使用。各级党委和政府主要领导干部要懂"三农"工作、会抓"三农"工作，分管领导要真正成为"三农"工作行家里手。制订并实施培训计划，全面提升"三农"干部队伍能力和水平。拓宽县级"三农"工作部门和乡镇干部来源渠道。把到农村一线工作锻炼作为培养干部的重要途径，注重提拔使用实绩优秀的干部，形成人才向农村基层一线流动的用人导向。

（四）强化乡村振兴规划引领。制定国家乡村振兴战略规划（2018—2022

年），分别明确至2020年全面建成小康社会和2022年召开党的二十大时的目标任务，细化实化工作重点和政策措施，部署若干重大工程、重大计划、重大行动。各地区各部门要编制乡村振兴地方规划和专项规划或方案。加强各类规划的统筹管理和系统衔接，形成城乡融合、区域一体、多规合一的规划体系。根据发展现状和需要分类有序推进乡村振兴，对具备条件的村庄，要加快推进城镇基础设施和公共服务向农村延伸；对自然历史文化资源丰富的村庄，要统筹兼顾保护与发展；对生存条件恶劣、生态环境脆弱的村庄，要加大力度实施生态移民搬迁。

（五）强化乡村振兴法治保障。抓紧研究制定乡村振兴法的有关工作，把行之有效的乡村振兴政策法定化，充分发挥立法在乡村振兴中的保障和推动作用。及时修改和废止不适应的法律法规。推进粮食安全保障立法。各地可以从本地乡村发展实际需要出发，制定促进乡村振兴的地方性法规、地方政府规章。加强乡村统计工作和数据开发应用。

（六）营造乡村振兴良好氛围。凝聚全党全国全社会振兴乡村强大合力，宣传党的乡村振兴方针政策和各地丰富实践，振奋基层干部群众精神。建立乡村振兴专家决策咨询制度，组织智库加强理论研究。促进乡村振兴国际交流合作，讲好乡村振兴中国故事，为世界贡献中国智慧和中国方案。

让我们更加紧密地团结在以习近平同志为核心的党中央周围，高举中国特色社会主义伟大旗帜，以习近平新时代中国特色社会主义思想为指导，迎难而上、埋头苦干、开拓进取，为决胜全面建成小康社会、夺取新时代中国特色社会主义伟大胜利作出新的贡献！

第四章　多维生态农业种养模式案例

我们重新为农民设计亩收入达5 000～10 000元甚至以上的多种新型农业种植、养殖模式，这种模式是多种经济效益+生态效益+社会效益三者综合效益比传统模式获益更大的复合式循环农业模式。每种模式都是一个良性循环的小生态系统，通过生态稻田、生态果园、生态茶园、生态库塘等多种新型农业模式构成天、地、人、万物合一的美好乡村田间综合体，是能够最大满足人类需求的自然友好型田间综合体。如图4-1所示。

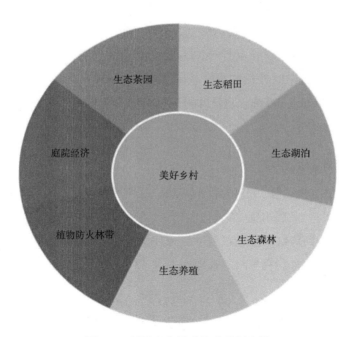

图4-1　新型农业模式构成美好乡村

第一节　多维生态茶园模式

一、国家发明专利号

《茶树的种植方法》国家发明专利申请号为ZL200810244516.5。

本著作权明属于茶树的种植方法，特别属于茶树与多种动植物共生互助的种植方法。

二、茶树种植的步骤

茶树种植方法包括以下工序。

步骤1：在每年11月开始平整山地、做畦，畦的规格为沟深50～70cm，宽50～70cm；把底土翻上来，表面土埋下去，一层土一层肥。每亩选用有机肥200～250kg，农家肥2 000～2 500kg，覆土后进行茶树种植；

步骤2：在茶园里和周边地方，种植2～3年木槿，木槿株距0.5～1m；

步骤3：在茶园里和茶树周边挖长0.5～1m，宽0.5～1m，深0.5～0.7m的穴坑，然后将杂草作底肥，一层肥一层土、种植木瓜，株距2.5～3m；

步骤4：在茶园周边种植高秆长1.5～2m的桂花，株距3.5～4m；

步骤5：在茶树两侧种植明日叶、除虫菊，每隔4棵明日叶种植1～2棵除虫菊，除虫菊每亩400～500株，明日叶每亩1 000～2 000株，在每株桂花树、木瓜树下种植1～1.5m^{2}的三叶草。

三、茶树种植的特点

根据权利要求1所述的茶树的种植方法，茶树种植方法具有如下特征。

（1）木瓜为管兆国木瓜。

（2）木瓜用西洋红梨、粉红复叶槭来代替。

（3）茶树的品种为乌牛早、迎霜、龙井。

第二节　多维生态稻田模式

一、国家发明专利号

《一种多维生态稻田的种植养殖模式》国家发明专利申请号为ZL 201710581622.1。

多维生态稻田如图4-2所示。

图4-2　多维生态稻田实景

二、多维生态稻田种养殖的步骤

一种多维生态稻田的种植养殖模式，包括如下步骤。

步骤1：稻田改造。在稻田四周和种植田垄内挖出"日"字形或"田"字形饲养沟渠；

步骤2：防逃、摄食、栖息设施建设。沿田埂内侧建造防逃隔离带，在稻田进、排水口设置隔离网，并在饲养沟渠内设置摄食、栖息设施；

步骤3：消毒。在种植养殖前1周内，用生石灰对种植田垄和饲养沟渠进行消毒；

步骤4：种植。在稻田内的种植田垄上种植水稻，即插秧，就是采用大垄双行栽插模式种植秧苗，在稻田四周田埂上种植可以防治病虫害的植物，构成防害虫隔离带；在饲养沟渠内种植水生经济作物；

步骤5：养殖。在步骤4所述插秧结束15d内，在饲养沟渠内放养水产生物，步骤4所述的水生经济作物选用可提供水产生物所需生长环境的具有经济价值的植物；

步骤6：烤田。在每季水稻的分蘖期烤田1次。烤田时，将水位降至种植田垄的田面刚好露出水面，待田面中间陷脚，田边表土不裂缝、发白，水稻浮根泛白即结束烤田，并立即将水位提高到原水位。烤田期间对饲养沟渠进行清理，并调换新水；

步骤7：病虫防治。种植前期，通过在稻田四周的田埂上种植防治病虫害的植物进行驱虫；种植期间，如果发生卷叶螟虫虫害，则用稻田四周田埂上种植的防治病虫害的植物配置成药剂进行喷洒；

步骤8：休耕期的种植。水稻收割完后的休耕期，在种植田垄上种植经济作物；该经济作物可用于饲养水产生物或肥沃稻田的具有经济价值的植物；

基于步骤4所述田垄上种植的水稻、稻田四周田埂上种植的可以防治病虫害的植物、沟渠内种植的水生经济作物，步骤5所述饲养沟渠内放养水产生物和步骤8休耕期田垄上种植的经济作物之间的良性交叉影响作用，构建适用于稻田的良性循环生态养殖种植系统。

三、多维生态稻田种养殖的特征

（1）根据权利要求1所述的多维生态稻田的种植养殖模式，在步骤4种植中，水稻选择汪宝增等人发明的新型高粱红稻品种或袁隆平院士的杂交稻，小行株距18~25cm，大行株距35~45cm。

（2）根据权利要求2所述的稻田的生态种植养殖模式，水稻移栽前施1次基肥，种植期间施追肥2次，第1次在种植后的7d，第2次在种植后的第30~35d。

（3）根据权利要求1~3任意一项所述的多维生态稻田的种植养殖模式，其特征如下。

步骤1稻田改造中，在饲养沟渠位于稻田的一个拐角处开挖一个方形鳖溜，饲养沟渠和鳖溜的面积共占稻田总面积的10%~12%，饲养沟渠宽0.8~1.0m，深0.6~0.8m，鳖溜长4~6m、宽3~5m，深1.2m；稻田四周田埂加高、加固，埂高50cm，宽30cm，并保证田埂要高出水面30cm，且田埂内侧为斜坡；

步骤2在防逃、摄食、栖息设施建设中，防逃设施建设为沿田埂内侧用铁皮防护网建造防逃隔离带，具体做法是将铁皮埋入田埂泥土中20~25cm，露出地面50cm以上，然后用木桩在每隔90~100cm处进行固定，稻田四角转弯处的防逃隔离带呈弧形；摄食、栖息设施建设具体为在饲养沟渠每隔10m左右处放置一块木板或石棉瓦，木板宽0.6~0.8m，长1.5~1.8m，一端固定在田埂上，另一端没入水中15cm左右；

步骤4种植中，在稻田四周田埂上种植蓖麻或菖蒲，蓖麻春播以4月上旬为宜，采用挖穴点种种植，每穴播种3粒，播种深度以5cm为宜，行距80~100cm；土壤黏重地块覆土时不宜镇压；在稻田四周的饲养沟渠内种植茭白，种植比例为亩种120棵，种植方法为：3月中下旬气候回暖时，挖出茭白苗小墩，用利刀劈开分株，分株时，按照每株3~5条健全的分蘖苗，每个分蘖苗有3~4张叶片的要求进行分切，分切时不能损伤分蘖芽和新根；定植时应随起苗、随分株、随定植；采取大小行距栽培，小行距60~70cm，大行距80~90cm，株距50~60cm，栽植的深度一般以老根埋入土中10cm；

步骤5养殖中，水产生物选择鳖种、小龙虾，放养规格为甲鱼50~300尾/亩，小龙虾500~1 000尾/亩；鳖种、小龙虾选择体质健壮、健康无伤病、活动力强、规格统一的苗种入饲养沟渠，并且在放养前将苗种用15~20毫克/升的高锰酸钾溶液浸泡10~15分钟；饲养过程中，饵料投喂严格遵守四定原则，每天投喂2次，投喂时间分别在上午9~10点、下午4~5点，具体投喂量视当天情况而定，一般以大约1.5h吃完为宜。饲养过程中，可在饲养沟渠内投放一些田螺、鱼虾类等活饵供鳖种食用；

步骤7病虫防治中，发生卷叶螟虫虫害时，采用稻田田埂种植的蓖麻或菖蒲配制中草药剂进行防治。①将蓖麻叶撒于田间或在田埂栽植蓖麻，用以诱杀金龟子；②将蓖麻叶10kg捣烂后，加水10kg，过滤成原液，每千克原液加水3~4kg后进行喷洒；③将蓖麻子仁捣成糊状，加水1kg调匀，另加肥皂水60g，慢慢加入蓖麻子仁水中，边加边搅，调匀后再加水100~150kg后进行喷雾，用以防治金龟子成虫和各种蚜虫；④将菖蒲1kg捣烂后，加水2kg，煮成原液，每kg原液加水6kg后进行喷雾，每亩用40~50kg；若出现稻瘟病，则采用H离子水喷洒，喷洒方法是每隔7~10d喷施1次。

图4-3　中草药治虫植物

中草药治虫植物是指利用木本草本植物的根茎叶花果实等部位配制混合制剂

防治病虫害，目前有各种说法。如图4-3所示。

（4）根据权利要求4中所述的多维生态稻田的种植养殖模式，在步骤5养殖中，水上动物还包括鲫鱼，鲫鱼选小鲫鱼鱼苗，其投放密度为600～1 000尾/亩。

（5）根据权利要求5所述的多维生态稻田的种植养殖模式，在步骤8休耕期的种植中，水稻收割以后种植黑麦草。种植方法是：①对种植田垄进行处理保证其平整无大土块；②采用条播方式进行播种，播种量为每亩大约1.5kg种子；③播种期，先用清水浸种2～4h，用以提高出苗、成苗率。

（6）根据权利要求1～3任意一项所述的多维生态稻田的种植养殖模式，其特征如下。

步骤1稻田改造中，饲养沟渠包括稻田四周开挖的四道水沟，田间开挖的一条水沟，水沟宽50～100cm，深80cm；田间沟宽80cm，深30cm；5条沟占稻田总面积5%左右；稻田四周田埂加高、加固，埂高50cm，宽30cm，并保证田埂要高出水面30cm，且田埂内侧为斜坡；

步骤2在防逃、摄食、栖息设施建设中，防逃设施建设为田埂内侧用黑聚乙烯网片拦好构成防逃隔离带，网的底部埋入土中20～30cm；摄食、栖息设施建设具体为在饲养沟渠位于稻田的四个角分别开挖一个小水坑，每个水坑面积为2～3m^2，深80～100cm，坑内放置少量水草和一块泡沫板；稻田进、排水口设置的隔离网为粗细铁条网；

步骤4种植中，在稻田四周田埂上种植蓖麻、菖蒲或番茄，蓖麻春播以4月上旬为宜，采用挖穴点种种植，每穴播种3粒，播种深度以5cm为宜，行距80～100cm；土壤黏重地块覆土时不宜镇压；

步骤5养殖中，水产生物选择台湾龙鳅、黑斑蛙、小鲫鱼进行混养，放养规格为青蛙选幼蛙，泥鳅长度3cm大小，鲫鱼选小苗；配置密度为幼蛙约600只/亩，泥鳅1 200尾/亩，小鲫鱼600～1 000尾/亩；养殖过程中，需对水质进行控制，保持水面高出水稻10～30cm左右，若稻田沟渠无流动水，则每间隔5d放水换水一次，保持水质鲜活；台湾龙鳅、黑斑蛙、小鲫鱼放养时，用EM菌进行消毒；

步骤7病虫防治中，发生卷叶螟虫虫害时，采用稻田田埂种植的蓖麻或菖蒲配制中草药剂进行防治。防治方法是：①将蓖麻叶撒于田间或在田埂栽植蓖麻，用以诱杀金龟子；②将蓖麻叶10kg捣烂后，加水10kg，过滤成原液，每千克原液加水3~4kg后进行喷洒；③将蓖麻子仁捣成糊状，加水1kg调匀，另加肥皂60g，慢慢加入蓖麻子仁水中，边加边搅，调匀后再加水100~150kg后进行喷雾，用以防治金龟子成虫和各种蚜虫；④将菖蒲1kg，捣烂，加水2kg，煮成原液，每千克原液加水6kg后进行喷雾，每亩用40~50kg；若出现稻瘟病则采用H离子水喷洒，喷洒方法为每隔7~10d喷施一次。

（7）根据权利要求7所述的多维生态稻田的种植养殖模式，在步骤8休耕期种植中，水稻收割后先种油菜，等油菜长到多维生态稻田种植养殖模式，其特征是0~30cm后，撒上紫花苜蓿种子。

（8）根据权利要求1所述的多维生态稻田的种植养殖模式，在步骤1稻田的改造中，还包括挖出两端，分别和稻田田埂、种植田垄相连的机耕道。

第三节　多维生态平原模式

一、国家发明专利号

《一种复合式循环农业种植模式》国家发明专利申请号为ZL201210109005.9。

图4-4是以18亿亩平原旱区耕地为代表的大农业循环体系模式。公司将通过繁育大量北方冬天四季常绿的经济林草打造"北方绿城"，修复生态。通过四季常绿树种强化北方旱区蓄水保水造水、防风固沙功能，通过发展北方高效森林农业构建粮区、牧区、林区、水区农林牧副渔可持续发展的大农业生态循环体系，避免传统农业长期依赖超采地下水发展农业生产，通过大循环10万~20万亩地可以设置一个花叶果实、畜禽菌深加工农业园，把我国北方变成绿城、青山，我们还用去大量超采地下水吗？

可以使用该模式进行推广的产品有北方四季常绿树种粗榧、枇杷叶荚蒾、云松、红豆杉等为代表的专利组合苗木产品。

北方旱区粮区一定要调好乔灌草结构，通过发展高效森林农业修复生态，这是最好的蓄水、保水、造水机器。巴西伊瓜苏是最好的榜样。

采用四季常绿植物组合成一道道控制风沙扬起的绿色屏障。

在两道绿色屏障之间，采用这些植物作为经济植物带。

在绿色屏障和经济植物带外围采用这些植物构成病虫害防护带。

图4-4　多维生态平原实景

在中国平原地区立体种植枇杷叶荚蒾、粗榧、砂地柏，这些北方少见的四季常绿植物组合成一道道控制风沙扬起的绿色屏障。

在两到绿色屏障之间建立经济作物带，经济作物带的花叶果实作为城市森林式"菜篮子"。

在绿色屏障和经济作物带的外围种植银杏、蓖麻、苦参构成病虫害防护带。

这些植物的多样性组合形成了北方高效生态林区，生态林区又与粮区、牧区、水区构成可持续发展的大农业循环体系。

二、多维复合式农业种植模式的步骤

一种复合式循环农业的种植方法，包括以下步骤。

步骤1：在经济作物种植地的周边，种植四季常青的第一高秆乔木或小灌木，所述的第一高秆乔木或小灌木构成经济作物的风沙防护带；

步骤2：风沙防护带的外围种植第二高秆乔木，所述的第二高秆乔木构成经济作物的绿篱带；

步骤3：风沙防护带和绿篱带的中间种植能够防虫害的第一防虫害植物，所述的第一防虫害植构成经济作物的第一病虫防护带；所述的经济作物种植地内间隔种第二防虫害植物，所述第二防虫害植物构成经济作物的第二病虫防护带且第二病虫防护带沿种植地间隔布设。

步骤1中所述的第一高秆乔木或小灌木为粗榧、枇杷叶夹蒾、沙地柏中的一种或几种构成；

步骤2中所述的第一防虫害植物包括苦参；所述的第二高秆乔木为银杏、东北红豆杉中的一种或两种构成；所述第二防虫害植物为香椿和木槿种植组合、金砣柿和果桑种植组合、管兆国木瓜和木槿种植组合、西洋红梨和木槿种植组合中的一种或两种构成，所述的第二防虫害植物间隔种植。

三、多维复合式农业种植模式的特征

（1）根据权利要求1所述的复合式循环农业的种植方法，在步骤1中所述的种植地总体呈块状或条带状，所述的第一高秆乔木或小灌木沿经济作物种植地相对应的两周边种植，所述的第一高秆乔木或小灌木构成的风沙防护带与经济作物种植地内种植的第二防虫害植物构成的第二病虫防护带成平行状排列布置。

（2）根据权利要求1所述的复合式循环农业的种植方法，所述的第二高秆乔木间种植第三防虫害植物，所述的第三防虫害植物包括蓖麻。

（3）根据权利要求1所述的复合式循环农业的种植方法，在步骤1和步骤2中所述的经济作物种植包括救心草、明日叶、蔬菜、大蒜。

（4）根据权利要求2所述的复合式循环农业的种植方法，在步骤1中所述的第一高秆乔木或小灌木按株距0.5～1m、行距8～15m进行种植，所述的第一高秆乔木或小灌木外侧2～2.5m处种植第二高秆乔木，所述第二高秆乔木的种植株距4～4.5m，所述第一防虫害植物距风沙防护带内侧2～3m处开始进行种植，所述的第一防虫害植物按株距1～2m、行距3～6m进行种植。

第四节　多维生态防火林模式

一、国家发明专利号

《一种植物防火林带的构建方法》国家发明专利申请号为ZL2014166836.9。

二、多维生态防火林模式的步骤

植物防火林带的构建包括以下步骤。

步骤1：划分带区

划分出用于构建防火林的带区，对带区内及其周围的大树进行减密间伐，割除灌木杂草，然后将粗大的枝条移走，剩下的细枝和杂草原地铺平，所述带区的宽度为30m以上。

步骤2：带区内种树苗

在带区30～50m以内的中心区挖坑，相邻坑沿带区长度方向的间隔距离为3～5m、沿带区宽度方向的间隔距离为4～6m，坑挖好后直接栽上3～5年生的树苗1，树苗1的高度为1.2～1.5m，所述树苗1为杨梅、枇杷、柑橘或者油茶大苗中的一种或多种。

步骤3：带区外种树苗

在离带区30～50m的两侧挖坑，相邻坑沿带区长度方向的间隔距离为3～5m、沿带区宽度方向的间隔距离为4～6m，坑挖好后直接栽上3～5年生的树苗2，树苗2的高度为1.2～1.5m，栽种树苗2的区域宽度为10m以上，所述树苗2为樟树、红楠、女贞或者木荷中的一种或多种。

步骤4：在带区内种树苗

翌年把上述步骤1中的减密间伐保留的大树全部砍掉，在树苗1的行间种植两行2～3年生的茶树苗，茶树苗种植的行距0.3～0.5m，株距0.5～0.8m，然后在树苗1、茶树苗的两侧均种植救心草，救心草种植的株距0.2～0.3m、行距0.2～0.3m。

步骤5：逐年进行采收、养护管理，即可形成植物防火林带。

三、多维生态防火林模式的特征

（1）根据权利要求1所述植物防火林带的构建方法，在所述步骤4中茶树苗的品种为牛皮茶、楮叶茶、乌牛早或者龙井中的一种或多种。

（2）根据权利要求1所述植物防火林带的构建方法，在所述步骤2用于种植树苗1的坑尺寸为长0.5～1.0m、宽0.5～1.0m、深0.5～0.7m，所述步骤3用于种植树苗2的坑尺寸为长0.3～0.5m、宽0.5～0.8m、深0.5～0.7m，所述步骤4用于种植茶树苗的坑尺寸为长0.2～0.3m、宽0.3～0.5m、深0.3～0.5m。

（3）根据权利要求1所述植物防火林带的构建方法，在所述步骤2中的树苗1

和步骤3中的树苗2均为高秆大苗。

（4）根据权利要求1所述植物防火林带的构建方法，在所述的步骤2、步骤3、步骤4在种树苗之前均是将坑所在处的杂草作为底肥埋入坑底，用土覆盖后再种树苗。

（5）根据权利要求1所述植物防火林带的构建方法，在所述步骤1中划分出的带区的面积为500公顷、1 000公顷或者2 000公顷以上。

（6）根据权利要求1所述植物防火林带的构建方法，在所述植物防火林带是在荒山、荒坡、荒地、稀疏的森林地带、公益林、山区茶园、油茶果园处构建。

（7）根据权利要求1所述植物防火林带的构建方法，在所述步骤1中划分出的带区一直延伸至耕地、水库、公路、水塘或山脚处。

第五节　多维生态羊圈模式

一、国家发明专利号

《一种多维生态羊圈的构建方法》国家发明专利申请号为ZL201710633089.9。

二、多维生态羊圈模式的步骤

多维生态羊圈（见图4-5）的构建包括如下步骤。

图4-5　多维生态羊圈实景

步骤1：修葺2个或者2个以上相互独立的牧养区，在每个牧养区的外围密植1圈天目琼花，通过天目琼花构建1个包围整个牧养区的植物绿篱；

步骤2：在2个牧养区的中间区域修葺一个羊舍，羊舍开设有2个门，在羊舍四周种植番茄等，利用根茎叶配制中草药治虫；在牧养区的植物绿篱上开设便于羊进出的进出口；羊舍的每个门对应一个牧养区，在牧养区的植物绿篱进出口和相应的羊舍门之间设置有羊道；

步骤3：在步骤1所述的牧养区位于植物绿篱内的区域上种植树皮不被羊啃食的杏树或枣树，每亩种植20~25棵，杏树或枣树大苗选取高度1.5~3m的树苗，株间距5m×6m；

步骤4：步骤3所述种植杏树或枣树后，在植物绿篱内的牧养区空地上种植供羊食用的红叶石楠，红叶石楠的种植密度为每亩100~120株；选取高度0.8~1.5m高，株间距2m×3m；

步骤5：在牧养区种植红叶石楠后的空地上种植农作物，不同的牧养区种植收获季节不同的农作物，杏树、枣树、红叶石楠、天目琼花种植2年以后，以其根系固定到羊不能拔起为准，才开始在牧养区内放羊，在羊舍内养羊；在同一季节，和羊舍相邻的2个牧养区中的一个牧养区种植农作物，另一个牧养区未种植农作物，羊在放养时，选择未种植农作物的牧养区放养；

步骤6：羊舍开始养羊后，每周或间隔几周用OH离子水对羊及羊舍进行消毒灭菌，用H离子水对牧养区内植物进行灭菌。

三、多维生态羊圈模式的特征

（1）根据权利要求1所述的多维生态羊圈的构建方法，其特征是在步骤6和牧养区安装物联网可追溯监控系统。

（2）根据权利要求1或2所述的多维生态羊圈的构建方法，其特征是在步骤2中，羊舍占地面积为8~10m^2，羊舍内挖建一个1m×1m×1m的化粪池，化粪池上面覆盖一层面积为8~10m^{2}的铁丝网，铁丝网的网孔大小为2~4cm^2。

（3）根据权利要求3所述的多维生态羊圈的构建方法，其特征是在步骤1中天目琼花的种植方法。种植宜在落叶后或萌芽前进行，天目琼花小苗需带宿土，大苗需带土球，大苗选择2~3年生、高1m以上的苗种，天目琼花的种植密度为每一亩牧养区种植120~150株，株距（25~30）cm×（25~30）cm，以能够密植为准；种植时要施足基肥，浇足水，种植后每年秋季落叶后要在根部周围挖沟施入基肥，促使第2年多开花，每年秋季进行一次适当疏剪，剪除徒长枝及弱枝，短截长枝，早春剪除残留果穗及枯枝；步骤4中红叶石楠选取伞形状的苗种，种植时挖30cm×20cm×20cm坑，植入带土球的红叶石楠，并浇透定根水。

（4）根据权利要求4所述的多维生态羊圈的构建方法，其特征是步骤5所述农作物为山芋。种植方法是：①4月中上旬，种植红叶石楠后的空地上肥料撒施后进行翻耕，翻耕深度以25cm为宜，做到地面平整土粒细碎；②翻耕后起垄，地膜山芋采用小垄单行，垄作方式，垄底宽60cm，垄面宽25cm，垄高25cm，两垄间距15cm，每垄栽山芋秧苗行距株距25cm×20cm，霜降过后成熟收获，山芋种植区域约占整个区域的20%。

（5）根据权利要求4所述的多维生态羊圈的构建方法，其特征是在步骤5所述农作物为黄豆，种植红叶石楠后的空地上每30cm×30cm挖小坑，种上黄豆，种黄豆区域约占整个区域的20%。

（6）根据权利要求4所述的多维生态羊圈的构建方法，其特征是在步骤5所述农作物为甘蓝和大蒜，种植面积约占整个牧羊区域的20%。种植方法是：①种植红叶石楠后的空地上每30cm×30cm种上甘蓝、大蒜，采用育苗移栽定植方法，地块选未种过十字花科作物的肥沃地块，结合施优质有机肥1 000kg、复合肥10～30kg、生石灰100kg，并提前深耕细耙，整地理墒，覆盖地膜；②翌年3月进入移栽定植期，选择茎粗不超过0.5～0.6cm，节间短，最大叶宽不超过6cm，叶片厚实，叶色绿的壮苗移栽，杜绝用大苗，以避免抽薹。

第六节　多维中医农业模式

2017年中央一号文件提出要开发和应用药食同源食品，并加强现代生物和营养强化技术研究，挖掘开发具有保健功能的食品和特殊医学用途食品。将中医原理和方法应用于农业领域的中医农业可以在这方面发挥重要作用。中医农业是中国农业科学院的专家学者根据大量调查研究和相关理论分析提出的中国特色新型生态农业，这种模式不仅能从产品角度提升质量和功能，还能从生产角度深层次转变农业发展方式。

一、中医农业的提出

农业是与动物、植物以及诸多其他生物打交道的生态产业，中医农业依据中医原理和方法改变常规农业的生产方式，用中草药肥（饲）药替代化学肥（饲）药，完全能够达到促进动植物健康生长、实施病虫害绿色防控的目的。2017年中央一号文件高度强调要深入推进农业供给侧结构性改革，从提高农业供给质量出发，提高农业全要素生产率，更好地满足广大人民群众对优质安全农产品的需要。当前，农业供给侧结构改革的重要任务之一就是生态转型，目的是提高资源利用效率、提升产地环境质量、优化农田生态功能。中医农业作为"尊重自然、顺应自然、保护自然"的高效特色生态农业，可以从根本上保障农产品质量安全，满足人们健康发展的需要。中医农业发展方式能够突破常规农业的瓶颈，是农业供给侧生态转型的特效途径之一。

在我国，中医原理和方法在农业上的应用已有悠久的历史，但进入石油农业发展阶段后，由于过度依赖化学农业，基本上停止了这方面的实践。近几年来，一些农业企业开始探索中医农业，并且在传承传统农业科学精髓的基础上，融入现代高新科技，进行传统科技与现代科技的集成创新和跨界融合。

二、中医农业取得的成效

随着对农业可持续发展的不断探索和对食品健康安全的迫切需求，中医农业得到广泛关注。我国农业科技工作者和生产实践者在中医农业领域做了大量的研究与探索，积累了丰富的经验，取得了明显成效。

与常规农业相比，中医农业的产品产量普遍较高，更重要的是产品质量和口感显著改善、农药残留大幅下降、储存期明显延长，同时外形、色泽、健康功能等方面都具有显著优势。与有机农产品相比，中医农业的产品质量没有明显差别，但有机农业产量普遍偏低，而中医农业产量较高；有机农业人工成本普遍偏高，而中医农业的成本大幅度减低，在外形外观和农业安全方面，中医农业产品也明显优于有机农产品。

目前，药材种植过程中大量使用化学肥药，破坏了药材的药性，中医行业的发展受到了严重制约。中医农业生产方式应用于药材种植可发挥特效作用，不仅能够全部替代化学肥药，还可以恢复药材的原始药性，保障中医行业健康发展。

中医农业的技术体系及其效果主要体现在以下方面。

（一）充分利用中草药配伍原理

利用中草药配伍原理，以生物源和天然矿物源物质制成农药及兽药、饲料及肥料或者相关的天然调理剂和添加剂应用于种养业。例如，已经研制成功并被广泛应用的中草药植物保护液，是由多种中草药依据中医"君、臣、佐、使"的配伍原理萃取而成的一种多效植物保护液。其有效成分为全新的生物活体，可以使作物恢复到健康生长状态，减少有害生物对作物的侵害，可以提高作物的抗病力和调节作物健康生长的作用，能增强作物的抗逆性，达到优质、高产。产品安全、高效、可靠、环保，与常规杀虫剂无交互抗性，连续使用不会产生抗性，不破坏环境。在番茄种植中，用喷洒中草药植物保护液代替农药，作物产量可以增加20%~30%，且色、香、味俱全。

（二）充分利用中医相生相克机理

利用中医相生相克机理，以生物群落之间交互作用提升农业系统功能。例如，安徽黄山中医农业基地——茶园，采用乔灌草立体种植，利用动植物、微生物等生物群落驱虫、杀虫、引虫、吃虫；茶园种植的草本植物具有很强的生命力，能够抑制杂草生长，无须使用除草剂；利用茶叶的吸附性和喜欢适度遮阴特点，种植花香、草香、果香植物为茶叶增香，又可以为茶树适度遮阴，为茶树创造一个适宜的健康的生态环境。该模式已作为全国人大提案提交相关部委，农业部已派出调研组进行考察，并给予高度评价。

（三）充分利用中医健康循环理论

利用中医健康循环理论，集成生态循环种养技术模式。例如，应用新型高效活性生物技术对畜禽饲料进行深加工，为畜禽提供无激素、无抗生素、无骨粉和无鱼粉的优质生物饲料，从而饲养出美味、健康的畜禽产品；同时，产生出几无蛔虫卵和大肠杆菌的、无明显恶臭的畜禽粪便，晾干或烘干即成为优质生物有机肥，这种生物有机肥可直接用于粮食、蔬菜、果木、花草等，不烧根、少生虫，因而无须施用农药，或将化肥使用量减少到最低，达到生产安全的、无药残的粮食、蔬菜与果品，反过来又为畜禽提供健康的饲料。同时，通过农业废弃物秸秆膨化发酵饲料的配合喂养，以及秸秆膨化发酵肥料的农田施用，既可实现秸秆还田不焚烧，还可不断养肥土壤。这种模式可形成无废物、无废水、无废气、无恶臭的可持续发展农业生态养殖、种植良性循环高效模式。

三、中医农业发展存在的问题

（一）中医农业缺乏行业标准

我国中医农业缺乏行业标准，没有严格的行业准入和执行标准，对生产出的农产品没有相应的认证机构。同时受体制机制影响，认证平台和监管机构不能针对中医农业的肥药投入品实行科学认证和监管，相关的中草药制剂很难在市场上流通。所销售的农产品鱼龙混杂、良莠不齐,缺乏应有的可信度,致使农业生产者和农产品消费者对中医农业认识不够,心存疑虑。

（二）中医农业产品缺乏规模化优势

国内现有的中医农业生产单元规模普遍较小,产品单一,生产规模优势小,深加工和产业化水平低,缺乏规模化优势,发展缓慢,供给不足。与此同时,中医农业产品多为初级产品,深加工产业滞后,产品应有的附加值并没有完全体现出来,也未能形成相应的品牌效应,消费市场尚未成熟。

（三）中医农业的社会认知度不高

中医农业技术供给与市场推广相对薄弱,社会认知度不高。由于中医农业的肥药投入品生产和销售规模普遍较小,在技术层面,生产者往往是各自为政,每人有每人的方子,缺乏一个系统的生产技术体系;在市场推广层面,许多生产者只把中医农业作为传统农业的升级项目来开发,忽视了消费者推广等环节;在产供销业务链层面,缺少整合与创新;从社会角度来看,缺乏一个对中医农业的行业定位和系统性归纳研究,从而也导致了社会对中医农业的认知度不高。

（四）中医农业发展缺乏扶持政策

各地对中医农业的发展没有明确的扶持政策,这主要体现在:一是学科建设滞后,缺乏科技项目扶持;二是解决生产资金问题的政策不够;三是缺乏相应的优惠政策。迄今为止,在国家及各级政府的农业投入项目中,与中医农业紧密相关的几乎没有,尽管中医农业已有大量的实践案例并取得了显著的成效。

四、加速发展中医农业的政策建议

要实现中医农业的快速健康发展,充分发挥"中医原理和方法农业应用国家试验区"示范和引领作用,必须正视目前中医农业的行业标准、管理体系、监管认证、规模化、产业化和市场开发方面的不足,积极引进和借鉴其他农业发展方式的成功经验和理念,将资源优势、关键技术、先进经验和理念整合,把中医农业发展作为农业供给侧生态转型的重要方式、提高我国农产品核心竞争力的有效途径,使其在农业发展进程中占有重要地位。

（一）政府主导,统一认识,高度重视

随着经济的发展,在国力日益增强和人民生活水平提高的同时,环境和健康问题相伴而生,食品安全问题越来越成为近年来社会的焦点。2017年颁布的《国民营养计划（2017—2030年）》提出，要以人民健康为中心，以普及营养健康知识、建设营养健康环境、发展营养健康产业为重点。中医农业产品作为安全系数最高的食品，具有广阔的市场需求。中医农业的生产过程强调人与自然和谐相处，倡导环境保护和生态平衡，强调可持续发展，是习近平总书记提出的"绿色发展"理念的良好实践模式，应得到政府和民众的广泛认同、支持和推动。政府在推动中医农业的发展中应发挥引领作用，将中医农业作为绿色发展的重要组成部分开展普及教育和宣传，并成立专门的办公室，进行顶层设计，确定目标，制定国家层面的中医农业发展规划，引领和推动中医农业健康有序的发展。

（二）制定并出台中医农业行业标准，构建统一认证监管平台

加快制定中医农业生产规范及产品标准，设立专门机构对中医农业的生产、物流、加工、销售和检测进行监管；严格产品认证标准和规程，构建统一的产品认证平台和溯源体系，实现产品的可追溯，规范处罚和退出机制。

（三）多学科协同攻关

科技部门和农业部门协调管理，促进多学科联合协同攻关，推进大学及相关科研院所中医农业的学科体系建设，加深中医农业关键领域和作用机理研究，培养后备人才。加强产品研发，对接中医农业全产业链和市场需求，开发出一系列实际效果显著的中医农业肥药产品，并提升为国内外著名品牌。

（四）大力开展中医农业肥药替代化学肥药行动

结合农业部化学肥药"双减"措施，在全国开展中医农业肥药替代化学肥药行动。大力发展林下种植中草药，在不占用耕地的情况下大幅度增加中草药供给量，按照特定配方制作中医农业肥药，以设施蔬菜、水果为主大面积推广应用；突出区域重点，聚焦优势产区，以县为单元，抓好一批蔬菜水果生产大县以及生产基地，试点先行，梯次推进；突出机制创新，以园区基地为依托，以新型农业经营主体为核心，推动中医农业肥药替代化学肥药行动向社会化、产业化方向发展。

（五）制定中医农业发展的支持政策

加大对中医农业发展的资金支持力度，国家和地方充分发挥农业专项资金的作用，对中医农业项目予以重点扶持，设立中医农业肥药购买补贴政策，对从事中医农业生产的农户和企业给予补贴，并鼓励和扶持中医农业肥药研发机构和生产企业；政府要积极对接养生保健的社会需求，培育中医农业产业链，并在普遍关注的关键领域促进形成产业集群；注重科普、科教与科研进程的协调，形成一

体化协同发展，提高中医农业的社会认知，营造中医农业的良好发展氛围。

（六）建立中医农业国家试验区，突出典型示范和引领带动作用

以"强、优、精、特"为标准，以体现中医农业建设的核心内容为重点，以能够引领中医农业的发展为方向，建立中医农业国家试验区，形成各类可复制、可推广的典型。目前，分布全国的中医农业试验基地利用中草药肥药、有机粪肥、有益微生物菌、海洋生物、矿物质中微量肥素替代化学肥药，形成了能解决有机农业不能高产的高效生态模式，已在全国范围内辐射带动了一批农业企业，可上升为国家试验区，以充分发挥其在高效生态农业方面的引领作用。

综上所述，通过多维生态库塘、多维生态茶园、多维生态稻田、多维庭院经济、多维森林农业等绿色高效新型模式，构建人与自然和谐共生的农业发展新格局，推动形成绿色生产方式和生活方式，实现农业强、农民富、农村美，为建设美丽中国、增进民生福祉、实现经济社会可持续发展提供坚实支撑。如图4-6所示。通过多种新型模式展示、示范、参观、学习、培训，授之以渔，制定新型模式国家生态农业综合标准化、多功能大循环农业实验区、多维生态农业的可视教材，以获得"全国青少年食品安全科技创新实验示范基地"和"中国技术市场协会多维生态农业培训中心"牌照为契机，在农业部的大力支持下，打造中国新型绿色农业模式"培训基地"。这是做给农民看的，旨在转变我国农民的思想观点；我们要教会农民怎么干，提升农民生态文明的实践能力；我们还要带着农民干，因地制宜地探索适应全国不同地区的农业发展新模式——走绿色农业发展之路。

图4-6　山区草原县域、区域经济发展总体规划

第五章 山区茶园多维生态全链融合标准化示范案例

我们历时13年完成了新型茶园模式全链的探索实践，公司从研究多种新型农业模式开始，按照新型模式引进400多个外来植物新品种，不包括本地3 000多种物种。建立了699亩种质资源圃，繁育2 000万株苗木，改造多维茶园10 021亩，共拥有苗圃、原料、加工基地共13 000亩，建设与茶园多种植物花叶果实相配套的加工厂12 000m²，形成多项"茶产业"雏形，下一步是美丽乡村多种新型农业模式的三产融合和多功能大循环农业新产品的开发，创建巨农网互联互通共享平台——共享基地、共享市场、共享股权，亟待跨出的第一步就是新型农民人才培训与应用推广，通过培养新型农民实现三产融合。

第一节 茶园立体栽培的单个品种和产品功能

《茶园立体栽培技术》的国家发明专利申请号为ZL200810244516.5。本节介绍7种茶园立体栽培技术。

为了把传统单一的种植业、养殖业、微生物产业的生产、加工、经营转向构建整个茶园生物圈良性循环系统的经营，通过新型模式生产出更多的、有利于人类文明的健康产业产品。

我们率先从单一茶园改造来实现山区系统问题的突破。按照茶树的生长特性和规律，在茶园套种间种木瓜、桂花、木槿、明日叶或救心草等经济植物，构成林上、林中、林下、林边复合式多维生态茶园，创造了适合茶树生长的小气候和小环境。这样，茶园生态好了，山区环境变美了，农民收入增加了，产品有机了，并且这些植物的花叶果实都是针对人类疾病的健康产业产品，通过优化生物组合，把单一的茶产业变成了多种花叶果实的复合式农林产业。如图5-1、图5-2、图5-3所示。

视频短片观看请登录：http://www.ahtv.cn/c/2014/0829/00339540.html

图5-1　多维生态茶园实景

　　我们率先在茶园改造中实现山区系统问题突破。按照茶树的生长特性和规律，在茶园中间种、套种木瓜、桂花、木槿、明日叶或救心草等经济植物，构成林上、林中、林下、林边复合式多维生态茶园，创造了适合茶树生长的小气候、小环境。这样，茶园生态好了，山区环境变美了，农民增收了，产品有机了，并且这些植物的花叶果实都是人类健康产业产品！

图5-2　多维生态茶园改造

图5-3　多维生态茶园之春夏秋冬

一、立体茶园与木瓜

（一）国家发明专利号

国家发明专利申请号为ZL201410158410.9。

利用山区草原三分之一面积发展木本、草本粮棉油，替代6 340万吨转基因大豆作饲料需要山地12亿亩，替代671万吨转基因棉需要4亿亩山地，替代1 000万吨转基因食用油需要4亿亩山地，还有生物质能源……

（二）木瓜药用价值

木瓜自古就以"百益之果"著称。木瓜的营养价值和药用价值在《诗经》《本草纲目》《齐名要术》《王祯农书》《食疗本草》《名医术》《千金方》等古医术中都有精辟的论述和记载。明代李时珍《本草纲目》中记载："木瓜性温味酸、平肝和胃、舒筋络，治腰酸背痛、降血压"；《王祯农书》记载："此物入肝，益筋与血，入药有绝功，以蜜渍，食甚益人"。现代医学证明，木瓜是一种营养丰富、有益而无一害的果中珍品，被卫生部首批公布为"药食兼用食品"。医学实验证明，木瓜含有齐墩果酸，有消炎抑菌、降转氨酶作用，对CO_4

引起的大鼠急性损伤有明显的保护作用，具有促进肝细胞再生、防止肝硬化、强心、利尿、升白、降血脂、降血糖、增强有机体免疫、抑制变态等功能；具有舒筋活络、抗菌消炎、健脾开胃、舒肝止痛、软化血管、抗衰养颜、祛风除湿消肿等作用，能有效阻止人体致癌物质亚硝酸胺的合成。木瓜性温味酸，功能平肝和胃，祛湿舒筋，主治吐泻转筋、湿痹、水肿、脚气、痢。多维生态茶园林上优质木瓜品种如图5-4所示。

图5-4　多维生态茶园之林上优质木瓜品种

二、立体茶园与明日叶

（一）国家发明专利号

国家发明专利申请号为ZL200910144996.2。

（二）明日叶的药用价值

相传明日叶是秦始皇所求的长生不老草。明日叶属芹科植物，因头天采下叶子，次日就发出新芽，生命力旺盛而得名。日本大阪药科大学认为，芹科类是很好的生药植物，如同当归、独活、川芎、茴香、防风、三岛柴胡等都是有名的药作植物一样。通过对明日叶的成分鉴定分析，明日叶是一种营养价值极高的野生蔬菜，含有丰富的维他命群，如维生素A、B_1、B_2、B_6、B_{12}、C、E等；含有丰富的矿物质群，如Ca、Fe、Zn、Me、Na等，还含有食物纤维、16种氨基酸等有益人体健康的元素成分。

灵芝、人参、芦荟等名贵药草中含有锗，明日叶中锗的含量更高，古时候就被视为"药用人参",也是传说中古代秦始皇所求的"长生不老草"。明日叶最珍贵、最奥妙的是切开后会流出"黄色汁",这种新成分名为"CHALCONE"（音译为查尔酮）的液体是其他植物中少见的一种物质,具有抗血栓、治胃溃疡、防癌、抗艾滋作用。

明日叶内含的丰富成分及其功能被人们认为是"神奇植物"。我们把明日叶茶与绿碎茶的工艺结合起来就可以生产明日叶颗粒蔬菜。

明日叶种植在茶树两侧,像绿色草坪一样覆盖了裸露的黄土,保护着生态和水土;其顽强的生命力能在不使用除草剂的情况下抑制杂草生长;明日叶特殊的香味可以驱虫、为茶叶增香;明日叶是多年生植物,不用年年耕地播种,是自然界中难得的不易生虫植物,不用打农药,明日叶富含人体多种营养成分,被誉为"蔬菜之王",利用茶园可以生产很多有益于人类健康的产品。多维生态茶园林下经济明日叶如图5-5所示。

图5-5　多维生态茶园之林下经济明日叶

三、立体茶园与救心草

（一）国家发明专利号

国家发明专利申请号为ZL200910144995.8。

（二）救心草的药用价值

救心草在植物中的学名是费菜。中国四大权威药书中曾有记载,救心草可以降血压、降血糖、降血脂。国家医药管理局编写的《中华本草》①《现代中药临床手册》②《中草药大辞典》③等权威资料以及药草名家李时珍的《本草纲目》中都有救心草的记载。救心草的主要成分是生物碱，能抗癌败毒，含有谷脂醇，能阻止人体对胆谷醇的吸收，能够降血脂，防血管硬化，含有黄酮类，可扩张软化血管、促进血液循环。救心草茶就是针对人类的这些疾病研制而成的。多维生态茶园林下经济救心草如图5-6所示。

图5-6　多维生态茶园之林下经济救心草

具体做法是对采摘的救心草鲜叶反复试制、检测内含成分，确定救心草茶独特的加工工艺，产品由中国药品生物制品检定所和中国农业科学院茶叶研究所（中检药函〔2009〕1233号）多次检测，结果如下。

（1）救心草茶总黄酮量高达9 800mg/kg，该成分有利于老年人的血管扩张软化。

（2）救心草茶总没食子酸含量12 000mg/kg以上，能够降血压、降血脂、降血糖。

（3）人体的维生素c库含量要保持在1 500~2 000mg以上。救心草茶维生素C的含量2 485mg/kg，能够提高人体免疫力。

（4）救心草茶植物蛋白质含量占22.9%，有利于人体排毒。

---

① 见该书第721~724页
② 见该书第223~224页
③ 见该书第2 381~2 382页

（5）救心草又名养心草、土三七、活血丹，能促进血管末端坏死的血栓排出和体内血液循环。

救心草与茶树立体种植效果如图5-7所示。

图5-7　救心草与茶树立体种植效果

四、立体茶园与木槿

木槿花如图5-8所示。据药草名家李时珍在《本草纲目》中记载："木槿具有除湿热、化风痰、消疮肿、治反胃吐食、痢疾、肠风泻血等作用。"在民间素有"多食木槿花等于内服美容剂"之说，人们常用其治疗青春豆、粉刺、雀斑和痱子等。

木槿花期百余天，天天引虫吃虫，农民在百余天内能够天天有鲜花蔬菜的收入。欧美日流行吃花，举办鲜花宴会。中国人食花已有上千年的历史，早在《诗经》中就有记载，民间有食用木槿花的习惯，如著名的"木槿花豆腐汤""木槿花面花"等。木槿花的花瓣薄，还可以冻干脱水加工后出口或晒干贮存食用。

木槿花叶、果实、茎根皮皆可入药，入百药治百病。木槿叶汁有洗涤功能，可使头发油光发亮。木槿花非常美丽，是一种常见的绿化植物，能够吸收有害气体，净化空气，还具有较强的滞尘功能。

图5-8　茶园引虫吃虫植物——木槿花

五、立体茶园与桂花

桂花很早被誉为"百花之尊，百香之源"，也有"世上无花敢斗香""自是花中第一流"的美称，还有优美的传说和故事——"吴刚捧出桂花酒"。

桂花是中华民族传统而优秀的树种，富含锌离子，是一种可以替代香精的天然香料，也可以作为多种天然香料的配料，更是人体新陈代谢必不可少的微量元素。多维生态茶园优质桂花品种如图5-9所示。

在茶园种植桂花树能够帮助茶树起到适度遮阴、蓄水保水、挡风御寒、增香等功能和效果。多维茶园桂花收获期的可喜景观如图5-10所示。

图5-9　多维生态茶园之优质桂花品种

图5-10　多维生态茶园之桂花收获期

　　桂花养生酒是由集团全资子公司黄山市金状元酿造有限公司开发生产，产品注册商标为"山越家坊"，每年选用秋季盛开的金桂作为原料，配以优质米酒陈酿而成。该酒色彩淡雅，新酒呈淡黄色，陈酒呈琥珀色；该酒芬芳馥郁、甜酸适口，香甜醇厚，有开胃醒神、健脾补虚的功效，令人浅尝即回味不绝。此外，我国中医学中有花疗的理论实践，桂花酒就是典型的实例。

六、立体茶园与祁红、屯绿茶

　　生态茶园就是通过改造茶园、改造品质，创造适合茶树生长的独特小环境、小气候，形成多项茶产业，再现历史上祁红、屯绿世界万国博览会金奖、银奖的高贵品质和风格，生产出更多的百姓喝得起的名优茶叶。多维茶园文化使茶文化走得更远更长，无愧于我国是"茶的祖国""茶的故乡"的荣誉称号。生态茶园农民采茶的忙碌情景如图5-11所示。

图5-11　多维生态茶园之农民采茶实景

第二节　多维生态茶园技术原理和产品标准

一、多维生态茶园技术原理

人类在从事农业生产和经营管理活动过程中，无法做到在365天的每时每刻都呵护作物的生长，既不能像青蛙那样日夜捕虫吃虫，也不能像森林那样随时抵御狂风暴雨等各种自然灾害的侵害。我们向自然学习，建立在森林花草树木和鸟兽昆虫形成的初级原生态组合基础上，通过研究"林草装备制造业"来破解林草问题。这就需要我们在乔灌草立体栽培时更加注重林草的优化配置和科学组合，同时也形成了依赖林草而生存的多种生物组合和生物所需要的环境组合，以生态化方式、洁净农业种植技术创造一种功能更加强大的生物组合体——复合式循环农业种植模式。

人类充分运用自然界植物、动物、微生物和环境之间的生态良性循环规律和生物多样性在多层次之间相生相克、相得益彰的特点。利用生物多样性，通过乔灌草的合理搭配、优化林草组合，落叶植物与常绿植物相结合，高秆植物与低秆植物相结合，生态类林草与经济类林草相结合，深根系与浅根系相结合，地表面与地面上部及下部相互联动，水、肥、光、热、土、气与生物之间形成相互依存的合理空间布局，构成多物种、多样性、多层次、多种途径良性循环的立体生态网络。

二、多维生态茶园的组合功能和产品标准

（一）多维生态茶园的组合功能

黄山市多维生物集团公司率先在茶园改造中实现山区系统问题的突破，按照茶树的生长特性和规律在茶园中增加物种，通过乔灌草合理配置，使茶农增收，让产品安全，让生态变好，让环境更美。

在茶树行间种植管兆国木瓜，在茶树两侧的空地上种植明日叶，在明日叶的2m距离之间种植一株除虫菊，在茶园外围种植高秆桂花树，在桂花树旁边和茶园中种植木槿，在每棵木瓜和桂花树下各种植1m²的三叶草。这些组合植物品种具备以下7个功能。

（1）这些组合植物品种选择的都是多年生植物，山高路远，不用年年耕地与播种，这些植物非常适应土壤贫瘠、缺水少肥的山区，通过适地适林适草解决山体结构复杂性问题。

（2）组合中的每种植物都有经济价值，多种植物的花叶果实大幅增加农民收入，通过绿色循环延伸产业链，解决农民增收难和生产成本高的问题；通过鲜产品深加工使附加值又提高3~5倍。

在模式一中，在茶园种植木瓜发展木本粮。按照1万亩立体茶园每年产鲜木瓜1.5万吨计算，生态化提取木瓜蛋白酶、果酸物质以及加工1.5亿瓶木瓜饮料后的木瓜渣有3 000吨，木瓜渣可以免费给农民喂猪，农民将猪粪免费提供公司作为有机肥回园。猪粪还可以通过发酵转化成沼气作能源，猪粪秸秆等废弃物可以养殖蚯蚓喂鱼养鸭和用于食用菌生产，蚯蚓粪、沼渣回田回园，这些废弃物通过循环利用，大大降低种植业、养殖业成本。这不仅是三产融合的循环，而且是种植业、养殖业、微生物产业之间的良性循环。

在模式二中，用高秆油茶代替木瓜，利用茶园发展木本油。按照茶树需要适度遮阴30%~40%的特点，在茶园中种植高秆油茶和草本植物，通过共生互助，两茶结合互补发展，既扩大农民收入，又保护了生态，还能提高茶叶香气品质。国家如果能够在全国1 000多个产茶县推广立体茶园改造，利用茶园发展年年再生的油茶食用油，将节约大量的大豆、玉米种子和耕地、化肥。

（3）根据茶树喜阴、强吸附性的特点，种植这些植物能够给茶树适度遮阴30%~40%，使茶叶中的茶多酚、氨基酸等内含物增多，这些植物的花香、草香、果香被茶叶吸附，提高了茶叶的香气和品质。

（4）这些植物组合还能够杀虫、驱虫、引天敌吃虫、结合中草药防治，不使用农药，通过植物抑制杂草生长，不使用除草剂，通过生物防治解决农药农残问题。

在茶园中，茶树的病虫害有100余种，如果选择植物不当，病虫害往往还会交叉发生。但生物的特性和规律告诉我们：大多数茶树虫害的天敌与蜂类蚁类有关，如茶尺蠖的天敌有蚂蚁、绒茧蜂、瘦姬蜂，茶蛾的天敌有茧蜂、蚁形蜂，茶毛虫的天敌有绒茧蜂，长白蚧的天敌有姬小蜂……蜂类有色盲的特性，对白花分辨能力强，在茶园中种植白花木槿，能吸引大量蜂类，木槿花期为6~10月，这正是在茶树病虫害的高峰期，木槿天天开花吸引蜂类、蚁类等茶树害虫的天敌，木槿还能吸收Cl_2、SO_2等有害气体，有很强的滞尘作用，我国民间至今还保存着木槿花作绿篱的习惯。管兆国木瓜是一种优质高产的木本粮食植物，木瓜春天的花香、夏秋的果香被春茶、夏茶、秋茶吸附，提高了茶叶的香气，还为茶树提供适度遮阴，木瓜上面寄生的螨虫、螺虫又是茶橙瘿螨的天敌。

茶树两侧种植的明日叶适应缺水少肥的山区，像绿色草坪一样覆盖裸露的黄土，也是传说中所求的"长生不老草"，富含人体多种营养成分，《一种明日叶茶及其生产工艺》公司专利申请号ZL200910144996.2。明日叶的香味可以驱虫，香气被茶叶吸收，自身不易生虫、不需施农药，有着顽强的生命力，在茶园中还能抑制杂草生长。茶园四周种植阔叶树种高秆桂花，具有遮阴、保水、储水、提供香气的作用。

茶树两侧种植的除虫菊是世界上少数不多的、能够集约化生产的杀虫植物，而且不含农残，用途广泛。再结合多种植物，中医防治能有效控治茶树周期性暴发的其他病虫害，大树底下豆科类三叶草有生物固氮功能，这些林草优化组合使农产品更加有机安全。

（5）通过提前3～5年培育大苗上山，农民提前3～5年增收，草本植物当年见效，乔灌草中长短效益相结合，解决农业周期长问题；通过大量乔灌草配套苗木的集约化立体栽培形成多项特色产业，解决农村分而散、小而不大的问题。

（6）这些植物可以为茶树挡风御寒，在雨季能储水保水，通过各层枝叶阻挡，减少径流发生，旱季通过阴凉的林草冷热空气交换，形成水汽、水雾、水珠，创造独特的宜茶环境，降低自然灾害。

（7）乔灌草立体种植，三维空间得到充分循环利用，提高资源利用率、产出率。通过多项农产品加工，茶厂实现多元化经营，农民多渠道增收，利于茶产业健康发展，创建优质、高产、高效、安全有机的生态茶园，完成全生物链、全产业链的循环。

（二）多维生态茶园种植、加工、管理等标准简介

通过茶园改造，原来单一的茶园变成了木瓜系列、桂花系列、明日叶系列、救心草系列、木槿花系列、除虫菊系等多项"茶产业"。2016年1月，公司6 000吨木瓜果醋和金花葵养生米酒生产线通过国家SC审核；2016年3月，木瓜高利用率提取加工技术获得国家发明专利，成为安徽省唯一的木瓜醋饮料生产线，2016年4月，又通过ISO 22000认证、AAA认证；2015年山越家坊米酒获国家地理保护

标志。公司年产2 000吨桂花米酒和4 000吨木瓜醋饮料生产线现有高效去皮机、连续榨汁机、储存罐、木瓜醋米酒罐装机组、蒸汽式巴氏杀菌机、臭氧水冲瓶洗瓶一体机、燃气环保锅炉等80余台（套）制备设备。茶厂现有鲜叶分级机、热风杀青机、烘干机、风选机等50余台（套）茶叶和代用茶制造设备。

在公司承担创建国家生态农业综合标准化示范区过程中，围绕生态茶园，收集、制定或修订了81个标准，涵盖从苗木选育、茶园建设、茶园管理到茶园多项产出品深加工、日常经营管理等方面，其中采标了36个国家标准，2个地方标准，制定了43个企业标准，具体包含《生态立体茶园栽培技术规程》《生态立体茶园中木瓜栽培技术规程》等生态立体茶园栽培技术标准、《绿茶生产工艺流程》《木瓜生产工艺流程》等加工操作标准、《公司员工手册》等企业管理标准、《管理人员通用工作标准》等工作标准。在实施过程中，不断健全各生产环节技术和管理工作标准，逐步形成标准综合体。其间，公司还通过了ISO 9001质量管理体系、ISO 22000食品安全管理体系、AAA级信用管理体系认证，结合实施认证体系文件，建立起从农产品种植、加工、包装、运输、贮存及市场营销等各个环节的质量安全档案记录，逐步形成产销一体化的产品质量安全追溯信息网络。

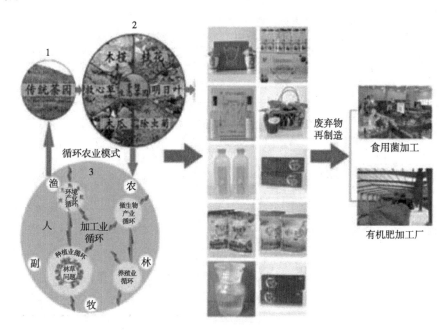

图5-12　多维生态茶园之系列产品

第三节　多维生态立体茶园的作用

一、增加农民收入

多种花叶果实促进农民增收，产品通过深加工附加值可以提高3～5倍。具体计算见表5-1。

表5-1　多维生态茶园农民亩收入测算

品种	数量 株/亩	产量 （每棵）	总量 kg/亩	收购价 元/kg	产值 元	实地观察收获期
木槿花	180	15g×100d	270	8.0	2 160	6—9月天天有花
高秆桂花	25	3年后丰产期	75	12.0	900	花期6d
管兆国木瓜	50	30kg	1 500	3.0	4 500	8月下旬至9月上旬
明日叶	1 000		150	6	900	四季采摘
除虫菊	500	免费生物农药				配制多种生物制剂
三叶草	75m²	免费氮肥				大苗树下
茶叶	名优茶		12.5	200	2 500	春夏秋茶
	绿碎茶		100	10	1 000	
合计					11 960	

表5-2　多维生态茶园生态效益测算

参考指标	茶园收入/亩	水土流失	农药量	浇水量	肥料	产品质量	劳动力成本（工时）	碳氧转化	土地利用率
茶园改造前（2007年休宁县统计数字）	单项茶叶收入1 580元/亩	茶园表土减少3mm/年，林草覆盖率65%	农药1kg/亩除草剂2kg/亩	1吨/亩	尿素、复合肥7.5kg/亩	茗优茶香气较高，茶多酚25.4%一些茶区含农残	33个工（主要是采茶、除草）	吸收$CO_2$23吨/亩放出$O_2$17.3吨/亩	65%

（续表）

参考指标	茶园收入/亩	水土流失	农药量	浇水量	肥料	产品质量	劳动力成本（工时）	碳氧转化	土地利用率
茶园改造后（2010年公司实验园数字）	多项花叶果实收入11 960元/亩	茶园腐殖质聚集向上2mm/年林草覆盖率100%~130%	农药、除草剂0元/亩（生物防治）	0吨/亩（调节小气候）	0元/亩（沼渣、菜饼等废弃物做有机肥）	茶叶呈复合香型，内质好，茶多酚27.35%,不含农残	67个工（数量、品种增加，扩大就业所致）	吸收CO$_2$36.5吨/亩放出O$_2$26.6吨/亩	300%（立体种植）

二、生产出绿色健康饮料替代碳酸饮料

黄山市多维生物集团与茶园多种花叶果实相配套的规模化、智能化、自动化生产线已经建成，通过生态茶园等多种新型模式种出有机产品，又通过创新加酿法生产第四代绿色健康饮料产品——全发酵、原汁、原浆、原味饮料和各种养生酒，以此替代当前市场上的碳酸饮料、果汁勾兑饮料、加色素防腐剂茶水饮料、勾兑食用酒精的白酒饮料，实现了饮料产品向绿色大健康的转型，那就是做好饮料产品，让中国人放心地喝！多维生态茶园木瓜深加工如图5-13所示。

图5-13 多维生态茶园之木瓜深加工

三、实现生物链、废弃物、产业链的大循环

茶园实现了生物链、废弃物、产业链的大循环，意义重大，具体体现在5个方面。

（1）图5-14所示的多维生态茶园苗木组合非常适合我国国情，适合大面积山区草原林草经济发展，从此不再局限18亿亩耕地，而是100亿亩国土高质量改造工程。

（2）图中把我国复杂的农业问题简单化为林草问题，把久拖不决的"三农"问题用"大循环"的办法来解决，通过大苗上山、林草装备制造业完成国土高质量改造，免费提供特色苗木能够使农民增收致富，这是最好的惠农政策。

（3）这张图是传统单一茶园升级版，把单一的茶产业变成多项农林产业，通过生物组合智造，创新了一种复合式循环农业种植模式，把山区生态保护优先与社会效益、经济发展紧密结合在一起，实现了多赢，成为我国60个典型循环经济案例进行应用推广。

（4）通过新型茶园模式，可以举一反三，可以创新生态稻田、生态森林、生态草原、生态果园、生态湖泊、庭院经济、植物防火林带等多种新型模式，多种新型模式构成许多美好乡村，通过许多这样天人合一的美好乡村打造美丽中国。

（5）把传统单一的茶园经营模式转向构建整个茶园良性循环系统经营，完成茶园全生物链、全产业链农业工业化体系，使茶农收入提高3~5倍，企业通过鲜产品深加工，附加值又提高3~5倍甚至以上。通过大循环农业，农民不用花钱买农药、买化肥、买饲料……通过茶园大循环，下一步还可以构建美好乡村的大循环和农村城镇化、县域经济的大循环。

桂花产业基地

休宁县20万亩茶园亟待改造

明日叶深加工基地

除虫菊生物农药基地

木槿鲜花蔬菜基地

三叶草免费饲料和氮肥基地

木本粮深加工基地

图5-14　多维生态茶园苗木组合

第六章　多维生态循环经济的8个典型案例

通过全国典型循环经济案例的产业联盟、技术集成、设备组装、标准化制定等，形成了通过三产融合的多功能大循环农业集成模块，如图6-1所示。

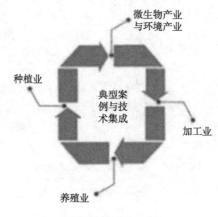

图6-1　大循环农业产业链的形成

本节主要介绍8个典型的循环经济案例。

第一节　安徽科鑫养猪育种有限公司

安徽科鑫养猪育种有限公司积极发展多功能大循环农业，实现三产融合。

（一）公司简介

安徽省科鑫养猪育种有限公司位于合肥市长丰县吴山镇，是省级循环经济示范单位，也是国家级高新技术企业。公司种猪选育场占地450亩，猪舍建筑面积2.8m²，饲养能繁母猪1 500头，年出栏可达3万头种猪和商品猪。周边环境良好，农田相隔，3公里内无工厂和大型养殖场，场内绿化面积100亩，饲料地80亩。公司流转了1 044.18亩土地，种植有机水稻，发展种养结合的多功能大循环农业，实现了经济、社会、生态环境三方面效益的统一。

（二）主要做法

多年来，公司通过大力发展循环经济，开展科技攻关，推行科技创新、农牧结合、循环利用、生态平衡，既解决了环境污染问题，又实现了更大的经济效益，用更少的资源消耗、更低的环境污染，使更多的劳动力就业。

1．科技创新，培育优质瘦肉猪，实现标准化生产

公司在"十五"和"十一五"期间承担了国家863项目，对当地猪种进行改良，成功培育出吃料少、生长速度快、饲料报酬高的新猪种。与传统猪种对比，饲料节约40%，料重比2.72∶1，屠宰率74.3%，瘦肉率达65.03%。从遗传上解决了提高瘦肉率而不改变猪肉品质风味的问题，避免了添加瘦肉精引发的食品安全问题。公司自行设计发明的节能环保猪舍获得了国家实用新型发明专利，实现了能源和水资源的分级利用和循环利用，降低了养殖成本。

2．项目带动，建立大型沼气工程

公司建成20 000m^{2}的节能环保猪舍，实现了雨污分流、人工干清粪、固液分离后的猪尿和污水进入酸化池调节、用污泥泵抽进400m^{3}的一级厌氧发酵罐。该技术系引进消化吸收德国UASB消化工艺，即"上流式污泥床"技术，猪尿与污水从下向上流动，厌氧发酵，年产沼气18.25万m^3。其中，10%供公司职工炊事、洗浴使用，90%用于发电，年发电26.28万kW·h，按0.6元/kW·h计，年收入16万元。其产生的沼液再进入600m^{3}地下厌氧池二级发酵，一部分沼液用于养殖蚯蚓，一部分流入生物氧化塘，经分解后养鱼或回流冲洗猪舍，达到消毒杀菌作用，还有大部分泵入液态肥库贮存种植有机水稻。这一工艺流程使得大型养殖场无须建立污水处理厂就可实现污水一滴不外排，把污水尿液变成沼气、沼液等宝贵资源，产生的猪粪可生产蚯蚓饲料和有机肥料。

公司将养殖场每天产生的大量猪粪经槽式发酵，充分利用粪便发酵时微生物的生化反应产生大量热能，这种热能不仅使粪便内水分蒸发，还将粪便中影响环境的有机废弃物尽快发酵腐熟，并在整个发酵过程中采用自走式翻堆机翻抛，使中心温度达到65℃以上，发酵30d后，使猪粪味变成醇香味，消灭病原微生物和寄生虫卵，不生蛆蝇；发酵后的猪粪成为高效活性的蚯蚓饲料和有机肥料。这些

蚯蚓肥和有机肥料用于吴山镇的农业食品开发，还可用于大农业循环，如黄山多维生物科技有限公司的有机茶生产。

3．发展有机农产品，优化完善循环农业产业链

（1）创意设计供肥供水系统，建设肥水一体化工程。公司利用"五里塘"，面积达60亩，可容纳6万m³沼液，流转的这片土地位于猪场东北片，属于江淮分水岭，土地不平整，适合种植有机水稻。为了节肥、节水、节省人力，建立了泵站，铺设了3 000m 10大气压100mm口径的主管网、4 000m的支管和崴管网，安装了几百个快阀，根据水稻各时期对肥水的需求，勾兑不同浓度的沼液，作基肥时用全沼液，作追肥时，沼水比例1∶5，后期全用清水，定期定量供应肥水。公司不用化肥、农药、除草剂，达到种地养地，形成"猪—沼—粮"循环产业链。实现了肥水一体化，达到了液态肥库贮存，高压水泵提升，密闭官网输送，阀供肥供水，按需配方施肥，节水节肥节药，节本高产高效，环保有机生态，真正实现了"看得见绿水，望得见青山，记得住乡愁"。

（2）有机标准化生产有机水稻。在长丰县各镇村的大力支持下，2014年5月流转了1 044.18亩土地，并与楼西村村党支部多次商讨，与当地6名农民成立了长丰科鑫循环农业专业合作社，引进了"南粳9108"新型品种。该品种是适应性强，且抗病、质优、口感好、具有独特的美味香型大米。

（3）生产加工有机优质大米。2014年，公司委托广州中鉴认证有限公司获得了有机认证。公司又与合肥金润米业联合，委托加工包装、储运，根据市场需求，包装成1 000g、2 500g等不同规格的"安科鑫"牌有机大米。同时，开设微店网店，将有机大米销往广州、上海等地，实现了有机优质优价。

（4）从优化生态环境入手，建设生态养殖场。公司根据企业发展规划，按照循环经济理念，在保护好原有猪场四周30m宽，3 000多m长的坝梗上，植树造林万棵，乔灌间作，配栽低矮的牵藤刺，形成立体栽培的天然屏障。在猪场内种植了香樟树500棵，白玉兰500棵，桃树100棵，木瓜300棵，桂花400棵，石榴树50棵，玫瑰花99棵，腊梅、红梅、绿梅各100棵，海棠、栀子花，紫藤花各50棵，木槿花2 000棵，栽种莲藕5亩。此外，建设了香樟大道、玉兰大道、桃园和桂园。整个养猪场已形成树木成林、绿草茵茵、荷塘月色、四季花香、群鸟天堂的生态园。

近年来，公司通过发展生态循环农业，实现了资源节约，循环利用，环境友

好，生态平衡，和谐社会，永续发展，达到了三大效益共赢。

（三）存在问题和打算

（1）为增强企业发展，做强做大，拟在全国中小企业转让系统及"新三板"挂牌上市。2007年，安徽省农业科学院畜牧所转让其持有的科鑫公司股权，需要安徽省财政厅确认。2005年2月10日，俞县长就该项工作召开了工作协调会，平安证券团队提出了积极性的指导意见，一旦确认，就立即上报证监会。

（2）2014年，公司承担生猪产业现代农业发展资金项目，由于当时的生猪价格呈周期性波动，公司处于低谷期，周转金匮缺，拿不出资金垫资，项目现处于停顿状态。随着产业转型升级，生猪养殖正在向技术和资金密集型现代农业行业方向发展，恳请省财政厅批准该项目继续实施。

（3）在"三产"融合过程中，从事生猪和粮食生产的企业，资金投入大，成本费用高，难以承受经济压力。希望政府能在以下方面给予项目奖补：①沼气工程运转、维修、发电补助奖补费；②有机生态肥生产、加工、包装奖补费；③沼液利用、肥水一体化工程建设奖补费；④有机农业水稻、小麦生产奖补费；⑤扭转农田机械成片平整土地作业奖补费；⑥秸秆利用收集、打捆和运输奖补费；⑦名特优农产品加工、包装、运输和储存奖补费；⑧农超对接，进超销售环节奖补费；⑨电商平台建设奖补费；⑩农产品认证，质量检测、监测奖补费；⑪多功能大循环农业、市场策划营销服务、顶层设计研发名特优有机农产品课题费。

第二节　合肥桂和农牧渔发展有限公司

合肥桂和农牧渔发展有限公司积极加强"三产"融合，促进农牧渔协调发展。

（一）公司简介

合肥桂和农牧渔发展有限公司位于肥东县牌坊回族满族乡，占地面积995亩，公司把养殖业、种植业和食品加工业结合起来，应用生态技术、生物工程，改造传统的养殖模式，形成以养殖业到种植业再到加工业链条的生态循环经济利用。

公司注册资本1 020万元人民币，资产总额1.91亿元人民币。现有员工185人，存栏奶牛1 700多头，年出栏肉牛7 000多头，沼气池300m³，蚯蚓养殖面积80亩，渔场养殖水面500多亩，大棚蔬菜500亩，年生产有机肥8 000吨，粮食及牧草种植面积达6 700亩，年屠宰肉牛5万头，年加工清真牛肉系列食品2 000吨。2015年公司销售收入达2.1亿元人民币。

合肥桂和农牧渔发展有限公司自2001年成立以来，遵循循环经济的理念，不断完善内部产业结构，逐渐形成以奶、肉牛养殖及食品加工为龙头，兼发展水产养殖、蚯蚓养殖、有机肥生产和生态农业的循环生产模式。这种循环生产模式实现了农、牧、渔业资源的互相链接、互相转化，建立了资源循环利用、深度利用的农业生态示范园，利用牛粪进行沼化处理，沼液喂鱼，沼渣养殖蚯蚓，并利用牛粪经发酵、烘干、粉碎并加入各种有机质，制作成营养、环保、高效的有机肥，使用有机肥和蚯蚓粪种植水稻、蔬菜和牧草，牧草及农作物秸秆作为牛的饲料来源，形成"牛—沼—蚯蚓—有机肥—粮食（蔬菜、牧草）"的循环经济体系。提高了资源产出率，创造出很高的经济、环境和社会效益。

（二）主要做法

1. 将秸秆加工成优质配合饲料

桂和农牧渔发展有限公司年养8 000多头奶牛、8 000多头肉牛。养这些牛需要大量的饲料，如果使用精饲料，不仅量大、饲养成本高，而且效果不好。公司在实践中探索发现，以粗饲料为主、精饲料合理搭配的饲养方法十分适用。养奶牛用75%的粗饲料和25%的精饲料；养肉牛用90%的粗饲料和10%的精饲料。粗饲料由50%的青贮玉米秸秆和50%的干稻草加工而成；精饲料由50%的玉米、10%的麸皮、20%的豆粕、8%的菜籽粕、12%的棉籽粕等其他成分加工而成，在冬春季节配以适量的鲜黑麦草。这一成分配比为农作物的秸秆和农产品下脚料的充分利用开辟了广阔的空间。

加工饲料为农民创造出可观的效益。平均1头牛1年需粗饲料25 550斤。由于粗饲料是由50%的干稻草和50%的青贮玉米秸秆加工而成，公司收购干稻草的价格是0.25元/斤，收购青玉米秸秆的价格是0.3元/斤，8 000多头牛1年需要购买干稻草和青玉米秸秆22 000万斤，共计6 000万元。也就是说，公司通过收购稻草和青玉米秸秆，每年为农民创造6 000万元的收入，同时还避免了这些废弃物对环境的污染。

8 000多头牛1年需要精饲料3 456万斤，其中有一半是玉米，另一半1 728万斤中，有10%是麦麸，麦麸价格是0.94元/斤，需要163万元；20%是豆粕，豆粕价格是1.75元/斤，需605万元；8%是菜籽粕，菜籽粕价格是1.1元/斤，需152万元；12%是棉籽粕等，棉籽粕价格是1.23元/斤，需255万元，合计共需1 175万元。麦麸、豆粕、菜籽粕、棉籽粕等都是加工农产品的下脚料，公司通过收购这些饲料原料，为社会创造1 100多万元的效益。

2．牛尿和污水生产沼气、沼液养鱼

8 000多头牛年产牛尿和污水43 200吨。为了使这些尿污不造成环境污染并产生效益，公司把牛尿和污水用于以下几个方面。

（1）用牛粪制沼气。建设300m³的沼气池，用牛尿和污水生产沼气，生产的沼气用作燃料，沼渣用于养蚯蚓，沼液用于养鱼。

（2）用沼液培水养鱼。公司有500亩水面，把沼液投进水里，培水养鱼，基本上不再投放其他饲料，1亩水面可年产黄白鲢约500kg，可创收3 000多元，500亩水面共创收150多万元。

3．用牛粪、沼渣养蚯蚓

公司从2004年开始养殖日本的大平二号蚯蚓。养蚯蚓的原料是养牛场产生的大量牛粪、沼气池产生的沼渣，这些都是蚯蚓爱吃的饲料。2015年养蚯蚓50亩，产品全部出口日本。养蚯蚓成本很低，效益却很高，亩产值可达2.5万元。通过养殖蚯蚓，牛粪、沼渣全部变成了蚯蚓粪便。蚯蚓粪便是优质有机肥，种植黑麦草、水稻和蔬菜的效果特别好，价格是600元/吨。这样，公司通过养蚯蚓，既实现了牛粪、沼渣的高效利用，又避免了这些废弃物对环境的污染。

4．蚯蚓粪种植黑麦草和蔬菜，然后在黑麦草茬地种水稻

公司把蚯蚓粪用于种植黑麦草和大棚蔬菜，年种黑麦草3 800亩，全部用于冬季给牛补充新鲜青饲料。用蚯蚓粪作肥料种植的黑麦草，肥力强且持久，还能改良土壤，节约了大量化肥。每年5月收获黑麦草后就在黑麦草茬地里种水稻。因黑麦草的根系特别发达又易腐化，地里灌水后，盘在土里的黑麦草根都沤成了有机肥，这样的水稻可亩产超千斤，年产水稻400余万斤，价值约500多万元。经测算，如果施肥，公司种黑麦草和种水稻一年两季1亩需要200斤复合肥、100斤氮肥，价值200多元左右，如果用蚯蚓粪和黑麦草的根当肥料，每年可节省化肥100多万斤，价值可达80多万元。

2015年，公司种植大棚蔬菜500亩，主要是生产一些"反季节"蔬菜，年产量3 000吨左右，按平均2元/kg计算，公司大棚蔬菜年产值可达600万元。如果使用蚯蚓粪便和有机肥来种植蔬菜，那么种植的蔬菜就会由一般蔬菜转化为优质化、营养化、无害化蔬菜。这不仅保障了居民对蔬菜食用安全的需求，还进一步提高了土地利用率，增强了土壤肥力，减少农药化肥残留，从而改善了农村环境卫生。

5．利用牛粪生产有机肥料，环保又经济

公司深度利用废弃物，经过多年的探索研究，利用牛粪经发酵、烘干、粉碎并加入各种有机质，制作成营养、环保、高效的有机肥料，具有较强的市场竞争力，除了满足自用外，还作为公司的一个新的主打产品，获取可观的经济效益。

（三）成效和意义

1．带动社会就业

公司现有正式员工185人，直接带动600多农户在公司就业。其中，养牛会员户387户，每户领养肉牛10～20头，由公司统一发放饲养，养殖户负责管理。养1头牛1个月支付报酬300元。除此之外，公司提供了众多产业发展，在当地带动就业上万人，为广大农民发家致富并走上循环农业之路创造了条件。

2．以有机肥替代化肥

公司位于肥东县牌坊回族满族乡，该乡属江淮分水冷地区，地处安徽省中部，面积约2万km^2，海拔在100～300m，易旱、缺水且土壤不肥沃，传统农业在分水岭地区前景不容乐观。但分水岭地区水源洁净，降雨是从这里向长江或淮河"分流"，南麓流往长江，北麓汇入淮河。岭上没有大型工业，无污染。这里坡地多，6°以上的坡地人均近1亩，是建立无公害基地、发展林业、种草养畜都是绝佳境地。

公司结合当地实际走出了一条以食品加工及奶、肉牛养殖为龙头，兼发展水产养殖、蚯蚓养殖、有机肥生产和生态农业的循环经济道路。针对当地土壤不肥沃的情况，公司通过测土配方，有针对性地生产符合当地实际情况的有机肥料，有机肥料配合蚯蚓粪的使用，这样不仅保证了农作物的产量，杜绝了化肥的使用，保护了环境，还实现了废弃物的循环利用。化肥都是由各种不同的盐类组成，长期、大量施用这些由盐类组成的肥料会增加土壤溶液的浓度，产生不同大小的渗透压，作物根细胞不但不能从土壤溶液中吸水，反而将细胞质中的水分倒流入土壤溶液，导致作物受害，典型的例子就是作物"烧苗"。而施用有机肥，能够增加土壤有机质、土壤微生物，改善土壤结构，提高土壤吸收容量，增加土壤胶体对重金属等有毒物质的吸附能力。

多年来，公司因地制宜，以有机肥料替代化肥的做法逐渐被周围农户所采用，周围农户逐渐摒弃了使用化肥，改为环保的有机肥料，起到了以点带面的良好作用，大大促进了环境治理，还当地群众一片青山绿水。

循环农业就是在物质的循环、再生、利用的基础上发展农业，是一种建立在资源回收和循环再利用基础上的农业经济发展模式。其原则是农业生产中达到资源使用的减量化、再利用、资源化、再循环。其生产的基本特征是低消耗、低排放、高效率。公司这些年不断探索循环农业的发展模式，达到了从末端治理到源头控制，从利用废物到减少废物的质的飞跃。

第三节　安徽立腾同创生物科技股份公司

邓小平同志在1988年9月12日听取有关价格和工资改革初步方案汇报时曾提出，"将来农业问题的出路，最终要由生物工程来解决，要靠尖端技术。"2007年8月8日，温家宝总理在一次农业工作会议上的讲话中指出，"微生物技术的应用是我国农业未来之希望"。可见，我国农业的根本出路正是向微生物农业发展。安徽立腾同创生物科技股份公司积极采用微生物技术发展多功能大循环农业，取得了明显成效。

（一）公司介绍

安徽省立腾同创生物科技股份公司，坐落在安徽省灵璧县尤集镇工业园区。公司成立于2013年，注册资金1 300万元，2015年11月改制为股份公司。目前公司拥有发明专利17项，省级成果转化3项。公司积极谋划产业布局，致力于让农业插上科技的翅膀，以生物科技为核心，以发酵工艺为基础，引领现代农业发展。公司采用现代智能装备产业，商业化应用，提升科技转化水平，让生态循环农业走向专业化、科学化、集约化，让农业科技向深度、广度进一步拓展。

安徽立腾同创生物科技股份公司在发展过程中，一直得到安徽省循环研究院季昆森老领导的大力支持，季主任多次亲临指导，送资料下基层，做讲座培训循环农业技术。

公司按照循环研究院的多功能大循环农业的思路来完善现代农业，精心打造循环产业链，创新可持续发展的现代化农业。公司秉承用微生物打造农业循环农业产业链的理念，在发展循环农业的过程中关注微生物所起到的作用，微生物的选择、培养和使用对现代农业循环有着至关重要的影响。

（二）主要做法

1. 废弃物回收并综合利用

安徽立腾同创生物科技股份公司于2015年通过ISO 9001管理体系认证，是一家国家级高新技术企业。公司主要从事秸秆发酵饲料加工生产、微生物菌研制，形成了高新高艺科技农业体系。公司多次获得国家科技部、农业部和省、市的多次表彰，先后被评为宿州市农业产业化龙头企业、科普惠农兴村致富先进单位、安徽省质量标兵企业、行业十佳创新型企业、安徽省高新知识产权优势企业等20多项荣誉称号。

公司对农作物秸秆等农副产品采用"分散收集、就地加工、统一处理、企业经营、国家扶持"的模式，形成农作物秸秆综合利用产业体系。农作物秸秆通过微生物发酵处理后变成了微生物发酵饲料，从农村废弃物变成了农民增产致富的途径，也为精准扶贫打下了基础。秸秆发酵饲料可以充分利用地方的秸秆资源，让秸秆转化为饲料，通过综合利用变废为宝，而且还能带动传统农业向现代化农业转变，促进农牧业生产的可持续发展，促进农牧业增效、农民增收，形成良性循环的绿色农业。

2. 饲料利用，带动示范

灵璧县立腾绿色生态发展有限公司成立于2005年，地处灵璧县尤集镇工业聚集区，是一家以种羊养殖、畜禽疾病研究与诊疗、畜禽销售为一体的科技密集型公司，拥有自主研发并转化成科技产品的知识产权专利13项。拥有、省级成果转化1项，是中国畜牧协会会员单位、灵璧县畜牧行业协会会长单位。立腾绿色生态牧业有限公司现已形成"公司+养殖场"的连锁和企业间上中下游的带动发展，打造出独具微生物特色的产业经营模式。

养殖业是循环农业的重要组成部分。上游公司将秸秆转化为微生物发酵饲料后，产品在种羊养殖上充分发挥优势，通过微生物参与种羊繁殖率、消化率都有不同程度的提高。该公司拥有多家动物连锁门诊，便于微生物发酵饲料在市场上的推广与应用。

3．打造循环农业产业园

循环农业模式是针对传统农业形式模式而言的，是一种以资源的高效利用和循环利用为核心，以"减量化、再利用、资源化"为原则，以低消耗、低排放、高效率为基本特征，符合可持续发展理念的经济发展模式，其本质是一种"资源—产品—消费—再生资源"的物质相闭环流动的生态经济。在"既要绿水青山，也要金山银山""宁要绿水青山，不要金山银山""有了绿水青山，就有金山银山"等新的发展理念引领下，公司在灵璧县园艺场流转了600亩土地，打造循环农业示范园。

由于当地拥有大量的秸秆资源，公司已规划优质秸秆作发酵饲料，劣质秸秆作生物有机肥肥料，用以替代化肥。公司已建成2条发酵微生物的生产线，光合菌、乳酸菌已投入批量生产。

农业种植产生的秸秆是一种循环再生的宝贵资源，按照安徽立腾同创生物科技股份公司和灵璧县立腾绿色生态牧业有限公司计划的劣质秸秆和畜禽粪便处理，加上微生物处理建成10万吨生物有机肥生产与加工，生物有机肥将用于土地种植，基地内将种植超级水稻示范田200亩，蘑菇种植基地100亩，设施大棚蔬菜100亩，水产养殖100亩，为农村污染探索新的解决途径，打造循环经济产业园，形成农作物秸秆（经过发酵）→秸秆饲料（用于养殖）→牛羊→牛羊粪便（经过发酵）→有机肥（还田）→种植农作物的循环产业链。这种循环农业模式可彻底解决农村秸秆焚烧问题，构建现代循环农业产业发展的新局面。

第四节　安徽多多利农业科技有限公司

安徽多多利农业科技有限公司积极发展循环经济，打造蘑菇之都，建设扶贫基地。

（一）公司简介

安徽多多利农业科技有限公司坐落在安徽省阜阳市颍泉区古西湖现代农业产业园（国家级农业科技示范园），是一家成立于2014年12月的现代化农业类企业，注册资本5 000万元。公司主要经营食用菌生产、蛋鸡养殖、秸秆收储、繁育美国速生紫薇，同时计划利用生产的废弃物，如菌渣，鸡粪等生产有机肥。

作为阜阳市农业产业化龙头企业，公司以农业循环经济为核心，把生态型和循环经济理念贯穿到企业发展中，把传统农业依赖资源消耗的线性增长方式转变为依靠生态型农业，资源循环发展的经济增长方式。目前已经流转土地400多亩①。公司以"农业循环经济"为核心，把生态型和循环经济理念贯穿到企业发展中，把传统农业依赖资源消耗的线性增长方式转变为依靠生态型农业、资源循环发展的经济增长方式。公司正在实施"林—草—鸡—菌—肥—粮"农业大循环经济示范项目，通过大数据分析，总结出项目各个生产环节及模式的标准，实现废弃物综合利用，达到点草成金、化废为宝的环保生产模式。以此为基础，在全国各地进行复制或与意向的企业进行合作，从而发展壮大。公司立足于现代化农业发展，致力于循环农业示范基地建设，一步一个台阶，致力于打造安徽省农业类的领军企业，继而成为全国农业类的领军企业，最终走出国门，走向世界。

（二）主要做法

1．利用农业废弃物制作双孢菇种植所需的基质材料

该项目利用农业生产的废弃物，如秸秆、鸡粪等为主要原材料，制作双孢菇种植所需的基质材料，双孢菇生产后废弃的菇渣经过有机肥生产线的处理，转化为高效生态肥料，广泛用于粮食、瓜果、蔬菜、花卉的种植，从而实现农业生产废弃物的"循环"利用，持续增值。

食用菌的栽培以公司生产的培养基，如秸秆、鸡粪等为原料，采用微生物发酵工艺技术，设置上料、播种、发菌、覆土、出菇等工艺控制点，将农副产品的废弃物转化为蘑菇。这样培育出的双孢蘑菇不仅富含人体所需的蛋白质、脂肪和碳水化合物等营养成分，而且采摘后产生的培养料基质、混合鸡粪可作为微生物有机肥施用于农田，微生物有机肥同时具有改良土壤结构、保肥、抗旱、抗涝、提高地温的作用，可使农作物产量提高10%～15%，达到循环利用的生态效果。项目单位以当地丰富的秸秆和畜粪肥为基础资源，经过隧道式发酵，将其制作成食用菌培养基来栽培双孢菇，并将种植后的废弃料应用于花卉基质，这种循环减少了由废弃稻麦秸秆焚烧或随意丢弃产生的污染，为改善农村的生态环境起到了积极的作用。由于消化吸收了周边农户的许多稻麦秆，使投入的生产成本大大减少，农户劳动强度大幅度降低，培养基的质量也明显提高，可最大限度地发挥利用秸秆生产食用菌培养料的规模效益，降低食用菌生产成本，提高产品市场竞争

① 设施农业用地已在国土部门备案。

力，为农民增收提供了一条致富之路。培养基是食用菌高产优质的物质基础，培养基配合的比例和种类直接关系到堆制发酵过程中微生物的区系和繁殖的好坏。隧道生产食用菌培养基模式不仅省工省力，减轻劳动强度，同时具有电子控温、控湿系统，其产出的培养料理化性状明显优于传统堆制模式的培养基质量。该项目生产的优质培养基不仅能满足合作社的食用菌生产，还能供应给本地区甚至周边地区的食用菌生产企业和种植户。产品市场前景广阔，产品供不应求。

2．建设扶贫基地

2016年公司积极响应党和政府的号召，开展精准扶贫工作。

（1）携手阜阳市颍泉区35个村集体，以脱贫攻坚为契机，打造蘑菇之都。在5个乡镇建设5个分厂，项目已开工建设，建成后保证每个村集体每年最低纯收入5万元，实现村集体早日脱贫致富。

（2）助力个人脱贫。一是就业脱贫，即公司对有劳动能力的贫困户进行考核，合格者可在基地就业，年收入保证在20 000元以上，目前已有11人脱贫。二是金融脱贫，即对丧失劳动能力的贫困户利用脱贫政策进行金融合作，每个贫困户可贷款3万～5万元，贷款由政府和公司向银行提供担保，资金放在公司做定期合作投资。无论盈亏，公司按照金额的10%，即每年3 000～5 000元给贫困户分红，贫困户零风险，因为贷款由公司提供担保，目前已有152户通过贷款实现了脱贫。三是对年龄大且有劳动能力的贫困户进行产业扶贫，即每户发放100只鸡苗，土鸡蛋按0.8元/枚，老母鸡按80元/只回收，目前已有200多户实现了脱贫。

为打赢脱贫攻坚战，公司勇于承担社会责任。第一期合作5年，此期间无论企业盈亏，按集体投资额的10%返给集体。3年脱贫工作结束后，在保证双方利益的基础上，在无意外的情况下可继续合作。同等条件该公司优先。

在经济效益上，实现双方合作共赢。合作以后35个村集体村办企业，年增收入5万元，贫困户通过就业扶贫、金融扶贫、产业扶贫年可增收3 000～20 000元不等。合作以后公司销售收入增加，提前挂牌上市。以扶贫工作为契机打造蘑菇之都，让利于社会，公司做大做强，争做国内乃至世界一流的现代化企业，为家乡作出更多的贡献。在社会效益上，鸡蛋和肉鸡销售给农民带来收益，鸡粪用于种植双孢菇，产业的抗风险能力增强，产业融合发展循环经济大有所为。农业发展好了，农业废弃物利用好了，农村环境也就好了，农民收入也提高了。

第五节　临泉守红现代农业科技公司

临泉守红现代农业科技公司彰显生态环保理念，打响循环经济品牌。

（一）公司简介

循环经济倡导以生态学理论和生态规律为基础的经济发展模式，对人类经济活动与生态环境的融合起到了指导作用。循环经济改变了经济增长只能靠消耗、枯竭生态环境资源和资源、能源不间断地变成废物来换取经济发展的传统模式，提出了资源和生态环境融合发展的新经济模式。循环经济形成了范围大小不同、层次高低不同的循环利用途径，最大限度地获取符合人类利益要求的经济产品，排除"废弃物"所导致的"环境污染"。只有研究并实践"大农业循环经济"，促进循环经济大发展，才能实现农业的可持续发展。

临泉守红现代农业科技公司在安徽省循环经济研究会的指导下，在县委、县政府的支持下，通过与相关企业联合合作，投资1 000多万元，流转300多亩土地，建设年产3万吨秸秆面包草项目、黄牛养殖项目、生物有机肥料项目、工厂化食用菌生产项目。全面开发生食食物链和腐屑食物链，使大农业生产体系中提供经济产品的每一环节所辅产的非经济产品成为下一环节利用的"原料"，不但对生物资源构成的生食食物链进行开发，而且对以腐屑为链端的腐食食生物链进行全面开发，充分发掘其生态循环转化功能，促进生物资源的再生和可持续利用。经济效益和社会效益明显提高，2015年，公司实现年产值1 000万元，利润达150万元，消化处理当地废弃秸秆15 000多吨，有力解决了当地政府处理秸秆禁烧难题。临泉守红现代农业科技公司建设重点如图6-2所示。

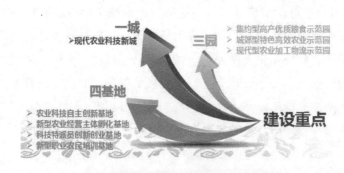

图6-2　临泉守红现代农业科技公司建设重点

（二）主要做法

在农村发展循环经济，不缺路子，不缺产品，但多年来循环经济很难形成规模企业，因为缺的是能人，缺的是示范，最缺的是叫得响的农产品品牌。循环经济企业发展缺乏资金，有了资金又缺技术，有了技术又缺规模，有了规模又缺市场，发展农业循环经济依然艰难。为了解决这些问题，临泉守红现代农业科技公司以县委、县政府打造"中原牧场"为依托，以黄牛养殖为支撑，以大力生产生物有机肥和工厂化食用菌生产为载体，彰显循环经济理念，形成了"四位一体"的发展思路。

1．发展面包饲草

秸秆禁烧难的根源是堵而有漏、疏而不畅、禁而不止。临泉县委、县政府提出"中原牧场"发展战略，为公司利用秸秆生产面包饲草提供了发展机遇。公司利用机械加工、微生物技术将秸秆制作成面包饲草一方面解决了农村秸秆的禁烧难题和畜牧业季节性饲草短缺问题，同时又可变废为宝。通过秸秆切断揉搓，加入微生物菌剂打捆包装，便于储存运输，再经过无氧发酵处理，秸秆散发出窖香，甜度增加，食欲增大。2015年，公司引进6套50吨/小时秸秆加工成套设备，2个3万m³的青贮池和一个高8m的4 000m²钢构厂房。

2．发展黄牛养牛业

公司黄牛养殖起步早，呈现稳步发展势头。2010年，公司属下的临泉县长官黄牛养殖协会被中国科协、财政部评为全国科普示范基地。为提升规模养殖效益，公司在发展黄牛养殖的基础，探索水牛养殖和本地特色山羊养殖，通过"公司＋协会＋农户"的方式，大力发展精准扶贫，以示范带领贫困户，实行"统一收购，集中出售"和"统一供料，分散养殖"的模式带动贫困户脱贫致富。2015年，公司发展特色养殖，依托临泉长官黄牛养殖协会集中养殖黄牛180头、水牛110头，年利润达50万元；通过贫困户散养特色山羊1 000头，带领80户贫困户脱贫。在带领贫困户脱贫的同时，也为公司的面包饲草提供了试验场所，更重要的是为农村秸秆的综合利用提供了示范指导。

3．发展生物有机肥料

生物有机肥料是将农业和畜牧业的废弃物或有机垃圾经有益微生物发酵、加工而成的有机肥料。生物有机肥料含大量有机质和大量活的有益微生物及微生物代谢产物，兼有微生物接种剂和有机肥料的作用。当前农畜业废弃物和生活垃圾污染环境的问题日益严重，如何处理这些有机废物一直是环保部门和农业部门头疼的事情。借鉴发达国家采用微生物发酵方法处理固体有机废弃物的做法，临泉守红现代农业科技公司在对固体有机废弃物进行试验和应用，开发生产了"王守红"牌生物有机肥。2015年年产有机肥1 200吨，经济效益达60万元。

4. 发展工厂化食用菌

2016年，公司流转土地200亩，发展工厂化食用菌生产规模，与江苏省泰州泰宏公司合作，生产常规食用菌的同时培育特色食用菌。以公司生产的生物有机肥和秸秆废弃物为"原料"，以工厂化、集约化管理为平台，集生产、加工、销售为一体，以精细加工为依托，引进特色食用菌保鲜技术，利用互联网为平台，为用户提供"舌尖上的安全"食品。工厂化食用菌生产得到县委、县政府的大力支持，作为县政府的招商引资项目，土地流转手续已全部完成，生产车间正在建设中。

（三）启示

为什么要发展大农业循环经济？笔者是农民，因此对农业、农村有着深厚的感情。借助循环经济的平台，以企业发展为动力，推动种植、养殖双翼腾飞，让企业用心生产出优质的农产品，在市场上得到应有的价值认可和回报。笔者认为，这条路是找到了，虽然困难还不少，但既然认定了这个方向，那就一定要做下去。

坚定放飞大农业循环经济梦。经过多年的探索，笔者最大的体会是，想赢得市场信任真难、但赢得市场信任真好。笔者坚信，只要扎深循环经济的根，守好循环经济的地，把农民组织起来，牢牢抓住优质产品生产的源头，就能在市场立于主导地位。作为循环经济战线上的一名老兵，仍然需要安徽省循环经济研究会给予一个腾飞的平台，一双腾飞的翅膀，只有如此才能放飞循环经济的梦想，才能将临泉守红现代农业科技公司打造成全省循环经济发展的新典型。总之，要朝着这个方向，要继续努力下去，要坚定不移地去探索，坚持不懈地去追求，因为已经找到路，就不怕路远！

第六节　安徽格义循环经济产业园有限公司

安徽格义循环经济产业园有限公司是多功能循环农业示范项目。

（一）公司简介

安徽格义循环经济产业园有限公司位于安徽省寿县，是一家专业致力于农林废弃物资源化高效综合利用技术及相关产品研发、生产、销售于一体的中外合资高新技术企业，注册资金1.95亿元。

寿县是沿淮农业大县和产粮大县，生态环境优越，农业结构多样，农业基础牢固。主要种植粮食作物有水稻、小麦，经济作物有大豆、玉米、绿豆、花生、油菜、高粱、棉花等。

据寿县农业部门调查统计，2015年寿县粮食播种面积346.8万亩，平均单产502.6kg，总产量150.1万吨，年产秸秆总量169.62万吨。根据种植面积、产量及作物收获田间秸秆残留量，寿县主要农作物秸秆产生量为水稻秸秆97.11万吨，小麦秸秆66.43万吨，其他作物含油菜、大豆、棉秆等6.08万吨。

公司通过自主研发的工艺、技术、专利和成套装备，以农作物秸秆等生物质资源，通过生物质炼制的方式，将农作物秸秆中的三大组分——半纤维素、纤维素和木质素逐级进行分离，生产沼气电力、有机液肥、纤维素浆粕、生化木素（BCL）和生物质颗粒成型燃料等产品。每年能综合高效利用水稻、小麦、油菜等农作物秸秆18万吨，年产值可达5亿元以上。

（二）主要做法

格义公司采用第三代高效厌氧发酵工艺、pH值调节方法，将秸秆中的半纤维素液转化生产沼气后的秸秆有机液作为基肥，可年生产秸秆有机液肥250万吨，可用于100万亩农田作为化肥减量化使用；该有机液基本保持了秸秆自身所具有的氮、磷、钾等基本元素及其他钙、铁、铜、锌、锰、钼等微量元素，还含有丰富的氨基酸、腐殖酸、B族维生素、各种水解酶、植物生长素及对病虫害有抑制作为的物质或因子等，可有效增强土壤保水、保肥和保温的能力，改善土壤理化特性，提高土壤中的有机质含量。该有机液肥还可以根据作物的生长特性，针对性地适量添加部分微量元素，以满足作物生长的需求，提高作物的品质。

（三）项目成效

1．经济效益

格义公司"年处理10万吨农林废弃物资源化高效综合利用项目"达产后，可年产生化木素（BCL）1.5万吨（0.8万～1万元/吨）、纤维素浆粕3.4万吨（0.5万元/吨）或高档本色生活用纸3万吨（1.5万～2.5万元/吨）、工业化生产沼气1 100万/m³。

如果用于发电，可年生产沼气电力2 800万kW·h（0.75元/kW·h）、秸秆有机液肥250万吨。实现年销售收入4.5亿元以上（未含秸秆有机液肥），利税1.8亿元，4年即可收回投资。吨秸秆原料的产值达4 500元以上。

2．生态效益

（1）格义公司项目每年可消纳农作物秸秆原料和燃料18万吨，秸秆收购价格为450～600元/吨。通过市场化运作，农民可以在不增产的情况下实现增收，政府则解决了秸秆随意焚烧和污染环境的难题，从而可在局部地区达到秸秆禁烧的目的。

（2）格义公司项目生产过程中所使用的燃料全部使用自产的生物质颗粒成型燃料，企业每年可减少SO_2排放1 380吨，CO_2排放4.2万吨，粉尘排放7 800吨；每年生产清洁沼气电力2 800万kW·h，可减少标煤6 500吨燃烧排放。

（3）通过多项专利技术和纯物理的连续流方式，农作物秸秆经工业化高效厌氧发酵系统产生沼气，沼气甲烷含量高达67%以上，硫化氢含量低于200PPm，每年可产生沼气1 100万m^3，可用于发电2 800万kW·h，秸秆有机液250万吨，不仅可满足城乡居民的生活用气[①]和用电，又可保障250万亩耕地所需要的有机肥。

（4）格义公司项目除生活和锅炉用水外，其他生产用水基本采用本公司处理后的中水，年可节约用水约200万吨。

3．社会效益

（1）每年可综合利用约80万亩农作物秸秆，方圆50公里范围内的农民可因秸秆销售每亩增收160～200元；

（2）可增加物流运输25万吨，就近直接解决农村剩余劳动力就业300余人，间接解决就业1 000人；

（3）企业生产所产生的余热，除满足企业自用外，还可为附近的城镇民用供热、供暖；

（4）有助于农民工返乡就业，减少城市流动人口，减轻逢年过节的交通压力，使农村孤寡老人和留守儿童得到照顾和关爱，促进社会的和谐与稳定，符合中央提出的精准扶贫要求；

（5）减少化肥和农药使用量，促进有机农业发展，保障粮食安全和提高土

---

① 大约可供8万户居民使用。

壤有机质含量。项目经厌氧发酵生产的纯植物有机液不同于传统的牲畜粪便发酵后的沼液，畜粪中没有抗生素、激素、重金属和畜栏消毒剂残留，不存在生物链的化学残留再次污染问题，且富含大量的有机质、微量元素和多种氨基酸、腐殖酸及有益微生物等，是一种十分安全、优质的有机液肥，可真正实现原料来源于农业、产品服务于农业的大循环利用和工业化生产模式。

（6）以格义公司为龙头，可拉动上下游相关产业，如有机农业、装备制造、环保材料、清洁造纸、发泡保温材料等领域的企业技改和大量投资。

（四）发展前景

格义公司项目采用集成创新，工艺技术路线和部分产品具有颠覆性的创新意义，其经济、社会和生态效益已远超农作物秸秆高效综合利用的范畴，在国内外尚属首创，是真正意义上的中国创造。与国家"十三五"规划中的城镇化和新农村建设规划相配套，可成为解决农作物秸秆焚烧、农村环境治理、发展有机农业和改良土壤等问题的重要抓手，使农民在不增产的情况下实现增收。

自2009年起，格义公司在"年处理三万吨农林废弃物实验生产线"取得产业化成功运营的基础上，经综合效益评估和反复优化，确定了10万吨级可复制、可衍生的商业化生产规模，并在技术流程、工艺标准、成套装备、原材料的"采、运、储"、衍生产品合作开发生产等各方面进行了全方位规划和整合，已获得多项国家专利和行业标准，项目工艺技术成熟。

为了解决项目产业化快速推广与单一项目一次性投资较大的矛盾，以及便于项目原材料"采、运、储"等环节更高效的运行及成本控制，格义公司依照"分布式能源"的建设模式，将原本单一的整体项目进行分解。首先，根据安徽省农林废弃物资源的分布情况，进行总体布局，然后将项目中有关原材料"采、运、储"及一级分离提取半纤维素之前的全部生产环节进行前置，在原材料、劳动力丰富的乡镇分批建设项目的预处理厂。若干个前置的预处理厂，配套1个后续高值化产品加工的中心处理厂，由预处理厂为后续加工的中心处理厂提供半成品原料。这样既可充分发挥和调动各方面的积极性，又能整合各种资源，分散投资，化整为零，快速推广。

具体做法是，由格义公司在秸秆资源丰富的县（市）建设1个中心处理厂，格义公司同时与有秸秆的乡镇合作，建设若干个一级分离处理生产线；建设内容是简易原料堆场、原料预处理、一级分离工段；产品路线是分离半纤维素后的原料、有机液肥或沼气；年处理秸秆量为10 000～20 000吨；项目投资1 500万元；年产值20 000吨；年总产值2 500万元，其中原料销售1 000万元（760元/吨），有机液肥（15万吨/年）销售1 500万元（100元/吨）；利润800万元。

秸秆分布式综合利用推广模式如图6-3所示。

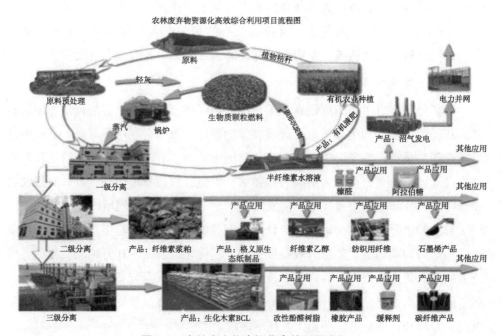

图6-3 农林废弃物资源化高效利用流程

第七节 六安亿牛乳业有限公司

六安亿牛乳业有限公司大力发展循环经济，建设现代农牧业。

（一）公司简介

六安亿牛乳业有限公司坐落在安徽省六安市皖江承接产业转移集中示范园区，在2004年成立的六安亿牛养殖场基础上不断发展壮大而成，总资产达1.8亿元。企业现已从奶牛养殖、有机肥料的生产和销售、有机作物种植的一产经济转型为养殖技术服务、畜禽养殖废弃物和秸秆肥料化处理技术服务、各种专用肥料研发、示范生产与技术服务、有机水稻示范种植与技术服务的省级农业产业化龙头企业和国家高新技术企业。2012年4月23日，亿牛公司董事长陈锡萍作为全国唯一的农民代表荣获中华环境奖。

公司设立了六安市生物肥料工程技术研究中心和安徽省企业院士工作站，并组建了公司内部畜禽养殖、土壤肥料和农作物栽培方向的国内著名专家顾问团队。自主发明的多项专利技术已被国家专利局受理和授权，自主研发的多项科研成果通过省级科技成果鉴定，技术水平达国内外领先水平，分别获六安市科技进步一二等奖，农业部农牧渔丰收奖三等奖各一项；畜禽粪便废弃物生产超级稻专用肥及土壤生态调理剂技术被国家工信部列入资源与环境应用技术推广目录。

研发生产的超级稻专用肥帮助袁隆平院士突破亩产900kg超级杂交水稻6年攻关未果的大关，达平均亩产926.6kg；公司研发的超级稻专用肥被列为六安市亩产1 000kg超级稻攻关专用肥料；公司研发的砀山梨树专用肥被国家科技部列入星火计划项目。

公司依据安徽省人民政府在《水稻产业提升行动方案》中提出的在皖西大别山区种植有机水稻的产业规划，结合自身资源与技术优势，2013年在长寿之乡中国将军县——大别山金寨县建立有机水稻种植示范基地3 500亩。位于金寨县汤家汇镇竹畈村的基地和被评为我国传统村落的上畈村基地，境内崇山峻岭、茂林修竹、山泉清澈，原始生态的自然景观怡人，亦为华东地区最后一片原始森林。这里海拔均在600m以上，季风明显、光照充分、水量充沛、民风淳朴和世代农耕习俗，加之群山环抱天然形成的山涧水灌溉，是我国最适合种植有机作物的理想场所之一。

经过10多年的发展，公司由小到大、由弱到强，呈现三大跨越趋势，即由资源优势型到规模优势型跨越，由劳动密集型向科技复合型跨越，由单一型经济向循环型经济跨越。

（二）主要做法

1．在治理养殖污染的同时，探索发展循环经济之路

近年来，随着农业产业结构的调整，畜禽养殖业迅速发展，并成为农业增效、农民增收的重要途径。与此同时，畜禽养殖业粪便污染对环境的影响日趋严重。亿牛公司每天产生的畜禽粪便约50吨左右，是金安区乃至六安市养殖企业产生粪便最多的一家，理应带头进行污染治理。为此，公司把治理养殖污染，发展循环经济提到重要议事日程，作为公司生存和发展的首要问题。

为了尽快解决畜禽粪便所造成的污染问题，并在治污中延伸产业链，实现社会效益和经济效益双赢的目标。公司董事长陈锡萍从报纸上看到省人大副主任季昆森在宣传并推动循环经济，于是她通过省人大在六安挂职的汪华主任介绍，到省人大向季昆森请教，季昆森遂介绍了用循环经济治理养牛场环境污染与加快发展结合起来的一系列思路。

按季昆森指引的方法，公司先后派人走访了内蒙古、江苏、浙江、上海、湖北、山东及安徽省有关地市的大型规模化奶牛场，考察了解污染治理情况，并走访了南京大学、安徽农业大学等高校的有关专家，征求治污的最佳设计方案。2008年，通过调研走访和评价，公司建设了一条畜禽粪便无害化集中处理线、利用牛粪制成有机肥的生产线以及一套污水处理系统。

迄今为止，公司已完全实现了粪污减量化、排放无害化、资源利用化、土壤生态化。各项完备的粪污处理设施为公司清洁生产、节能减排、低碳养殖和提高资源产出率奠定坚实基础。公司利用牛粪及农家肥生产的有机肥、各种作物专用肥及超级杂交水稻专用肥，在各种作物种植中施用以及在袁隆平院士超级杂交水稻攻关中施用，效果显著。

2．延伸公司循环产业链，种植有机水稻，保障食品安全

为发展循环农业产业，延伸壮大公司循环产业链，依据2011年安徽省人民政府和2012年安徽省农业委员会分别颁发的年度《水稻提升行动方案》中提出的在皖南和大别山区种植有机水稻的指导精神，由于有机水稻也是金寨县政府招商引资八大特色农业产业之一，公司利用牛粪生产的有机肥料资源和六安亿牛院土工作站、国家杂交水稻工程技术研究中心、安徽农业大学及安徽省农业科学院挂职服务企业专家的技术优势，2013年在大别山腹地金寨县汤家汇镇建立了3 500亩有机水稻种植基地。

2017年，公司在汤家汇镇建立了一个2 000亩的基地，通过有机水稻种植基地示范，将带动当地农民种植有机水稻4万亩，完全能消化公司利用牛粪生产的有机肥料。其生产的有机大米满足国内部分客户的需求，实行全国统一销售价格是42元/斤，产品供不应求。通过延伸循环经济产业链，使产业链上各个链节物料平衡消化，促进了循环经济健康有序发展。

（三）成效

公司处于延伸的循环产业链末端，种植的有机水稻所产出有机大米晶莹剔

透、绵香爽口。产品经权威检测机构检测，未检出农残和重金属汞，其他重金属指标均在国际食品安全法典限制标准以下，属高级别食用安全大米。2014年和2015年连续二届蝉联中国有机食品展览会金奖。同时企业公司也进一步坚定了信心，将有机产业确定为企业发展的主方向。

公司先后被评为六安市农业产业化龙头企业、六安市及金安区巾帼创业示范基地、安徽省巾帼科技示范基地、安徽省第一批循环经济示范单位、安徽省农业标准化示范区承担单位、安徽省奶牛养殖标准化示范场、AAA级标准化良好行为企业、安徽省现代农业科技示范园、安徽省测土配方先进单位、安徽省千村引智示范基地、安徽省企业院士工作站、中华环境优秀单位、农业部奶牛养殖标准化示范场、全国巾帼现代农业科技示范基地、国家级农民专业合作社示范社、第八批国家级农业标准化示范区承担单位。

（四）经验

公司始终把科技作为第一生产力，致力于依托科技力量为循环经济插上腾飞翅膀。通过与国家杂交水稻工程技术研究中心、安徽农业大学、安徽省农科院、皖西学院等高校院所紧密合作，建立了长期科研教学研发与示范应用基地，设立了安徽省奶牛产业技术体系亿牛综合试验站、六安市生物肥料工程技术研究中心、六安奶业科技特派员创业链工作站、六安市科技专家大院奶牛分院等研发机构。通过区委组织部引进安徽省农科院水稻栽培和土壤肥料专家挂职服务企业，通过区科技局引进中国工程院袁隆平院士及科研团队入驻企业院士工作站，填补了六安市院士工作站的空白。

配合袁隆平院士亩产900kg超级杂交水稻攻关试验，研制的超级杂交水稻专用肥料，2011年在湖南省隆回县百亩示范连片田施用，经农业部组织专家现场测产验收，平均亩产达926.6kg。2012年袁隆平院士在安徽六安市设立高产水稻创建示范点，公司被指定为唯一供肥单位，当年经省农委组织专家测产验收，平均亩产达839kg，刷新了安徽省水稻单产纪录。

在测土配方施肥方面，公司被认定为六安市测土配方肥定点生产企业，被省农委授予测土配方先进生产企业。在生产过程中，自主发明的多项专利技术被国家知识产权局受理和授权，与安徽农业大学合作及企业自主研发的科研成果通过省级科技成果鉴定，技术水平达到国内外领先水平。这将为亿牛的循环经济产业链上关键技术研发与成果熟化应用搭建良好的平台，使公司养殖业、有机肥的生产和研发、有机水稻种植、超级杂交水稻专用肥与超级杂交水稻育种、栽培相配套的技术水平均处于同行先列。

第八节　宿松县春润食品有限公司

宿松县春润食品有限公司努力实现"三产"融合发展。

（一）公司简介

宿松县春润食品有限公司成立于2007年7月，注册资本2 000万元。公司主要从事畜禽水产养殖、屠宰加工、饲料加工、冷链物流及观光休闲等业务。企业年可屠宰加工生猪35万头、家禽1 200万羽，饲料10万吨，产品销往全国各大城市的冷链市场。拥有屠宰生产线2条、饲料生产线1条、万吨冷库1座，流转土地3 000亩，水面20 000亩。自建猪场2个，家禽养殖基地6个，年存栏生猪1 000头，年存栏家禽200万羽。企业注册商标3个，通过无公害农产品产地和产品认证，是安徽农业产业化省级龙头企业、安徽省循环经济示范单位。

（二）主要做法

宿松县春润食品有限公司积极探索建立畜禽产品生产、加工、流通、消费全程生态化，以龙头企业、农民专业合作社、家庭农场、种养大户为平台，推进畜禽业绿色增效开展试点示范，建立以家禽养殖加工为的主导产业。以生产基地、加工基地为主体，创建生态型企业，推进种养加、贸工农一体化，实现地域范围内的复合式循环。

宿松县春润食品有限公司以农产品加工业为引领，推进农村三产融合发展。公司主要以屠宰加工基地带动养殖业，以养殖业带动种植业，以农产品加工业带动冷链服务业，有效形成"三产"的融合发展。

第一产业：春润公司在全县6个乡镇20个村布局种养殖产业，自建规模种养基地15个，带动基地200多个，主要开展家禽、生猪、水产养殖和粮食、饲草种植。截至目前，春润公司流转种植基地3 000亩，养殖水面20 000亩。基地着力构建粮饲兼顾、农牧渔结合、循环发展的新型种养结构，促进种养加一体化建设。目前已形成鱼鸭混养、稻鸭共生、猪—粪—沼—草—鱼等多种生态循环发展的新型种养结合的模式。

第二产业：春润公司是宿松县唯一一家定点屠宰场，拥有半自动机械化屠宰

3条，年可屠宰生猪35万头，家禽1 200万羽，加工肉制品5 000吨，以及拥有年加工10万吨畜禽饲料厂1个。春润公司始终坚持发展循环经济，走可持续发展道路，推进种养加、贸工农一体化，建立了畜产品生产、加工、流通、消费全程生态化，实现地域范围内的复合式循环。

第三产业：春润公司建有1个万吨级冷冻冷藏库，拥有冷链配送6辆，每日配送冷鲜肉4.2万kg，覆盖宿松县22个乡镇。畜禽冻品冷链配送发往南京、合肥、武汉、南昌、哈尔滨等全国各城市。春润公司基地还开展休闲观光，主要经营船上农家乐、休闲垂钓、荷塘观光等业务。

（三）发展计划

1. 稻鸭共养、鱼鸭混养和林下养殖等生态循环模式的农业示范基地建设

在高标准水稻种植区推广实施"稻鸭共生""鱼鸭混养"和林下养殖等生态循环模式，生态循环养殖的关键共性技术研究，设施建设、防疫体系、标准化生产技术操作规范制定。

2. 家禽无害化处理和粪污资源化利用设施设备购置

病死家禽及粪便全部进行无害化处理，粪污变废为宝资源化利用，将粪污加工厂有机肥用于种养结合的生态示范基地，建设无害化处理和有机肥加工设施，购置无害化处理设备和有机肥加工设备等。

3. 品牌及质量可追溯体系建设

联合体内的基地实施无公害认（续）证、示范区域开展养殖绿色认证，推广养殖严禁使用违禁药品，施中药预防疾病。开展禽、蛋、稻药残检验检测，提高农产品质量安全，加大联合体品牌宣传推介，积极组织联合体成员参加农交会（展）。联合体共用商标申请"中国驰名商标"。建立禽产品从养殖到加工再到销售全过程的追溯，完善农产品质量安全标准体系。购置检验检测设备仪器、试剂药品等。

4. 电子商务平台及物联网建设

利用阿里巴巴、京东商城、天猫（中国安徽馆）、1号店等电商平台开设网店，试点建立联合体电商馆。开展农业物联网畜禽养殖系统、禽蛋产品生产在线监测能力系统和生鲜农产品质量安全物流体系建设。

5. 标准化生产体系建设

升级改造清洁化、节能化、机械化加工设备，购置养殖设备、清粪设备、温

控设备、选蛋设备，创建一批标准化生产的生态牧场、生态企业。组建社会化服务队伍。

（四）存在问题

在"三产"融合产业发展过程中涉及的产业链长，带动面广，投资规模大，示范效应好。农业产业化龙头企业在发展过程中主要遇到两个问题。一是融资难，产业发展很大部分在农村投入的基础设施不能申请银行贷款抵押，造成企业资金困难。二是才难求，大中专人才宁愿留在城市待业，不愿意到农村就业，造成县域农业企业引进人才困难。

为此，希望政府对农业农村投资的基础设施给予实质性的政策扶持，如根据农业生产基础投资规模给予"先建后补"资金和政策性贷款等方面政策的支持。政府加大人才下乡创业就业，加大相关鼓励和扶持政策。

第七章　多维生态"全域旅游"案例

第一节　休宁县旅游资源概况

休宁县，隶属于安徽省黄山市，属古徽州"一府六县"之一。其中，全国全域旅游示范县在休宁；中国第一状元县在休宁；红色旅游皖浙赣省委旧址石屋坑在休宁；中国四大道教圣地齐云山在休宁；中国最大的有机茶基地在休宁；中国吴鲁衡罗盘在休宁；中国重要农业文化遗产泉水鱼在休宁；舌尖上的中国毛豆腐在休宁；地道的本土蓝田花猪在休宁；新安江的源头六谷尖在休宁；还有古树、古道、古村落、民宿、舞龙、德胜鼓在休宁……不胜枚举。

一、休宁县概况

休宁县位于安徽省最南端，与浙、赣两省交界，自东汉建安13年（公元208年）建县，至今已有1 800余年的历史。休宁四季常绿，青山绿水，白墙黑瓦，小桥流水人家，宛若一幅画里乡村的美景图。休宁有上百家摄影点，它已成为黄山脚下的"一颗全域旅游明珠"，正在显山露水。

休宁县拥有"中国第一状元县""全国休闲农业与乡村旅游示范县""中国旅游百强县""中国休闲小城"等众多头衔。近年来，休宁县紧紧围绕全力打造"名山秀水·文化休宁"的总体战略部署，加快推进皖南国际文化旅游示范区建设，推动旅游与多产业深度融合发展。2017年，休宁县接待游客542.62万人次，同比增长14.6%；实现旅游总收入43.17亿元，同比增长15.5%；其中入境游客20.31万人次，同比增长14.1%；旅游创汇6 098万美元，同比增长14.5%。

二、休宁县多维生态"全域旅游"特色

（一）地理位置优越

休宁县地处黄山黄金旅游交通线的中心部位，有京福高铁、皖赣铁路以及京台等5条高速公路穿境而过，毗邻黄山国际机场和黄山高铁北站，通景公路最后一公里全部打通，交通出行十分便捷。

（二）生态环境极佳

新安江、富春江、钱塘江从休宁发源，境内水质优良，空气极佳，森林覆盖率达78.5%，负氧离子每立方厘米达2 000以上，是一处天然大氧吧。

（三）文化底蕴深厚

建县以来，休宁人民创造了丰富的物质和精神文明，留下了独树一帜的地方文化，状元文化、道教文化、风水文化、有机茶文化享誉海内外，素有"东南邹鲁"的美誉。

（四）旅游资源丰富

休宁县共有A级景区8个，省级旅游乡镇5个，百佳摄影点29处。拥有"中国四大道教名山"之一的齐云山、"徽州文化大观园"古城岩、皖浙赣省委旧址石屋坑等自然、文化资源，正在开发建设中的月潭湖风景区，这些都是休宁县旅游资源的优势补充。县内依托"旅游+农业"发展模式，衍生出的泉水鱼、毛豆腐、菊花、茶叶、茶干、茶油等农特产品已成为休宁旅游商品的亮点。

第二节　休宁县多维生态"全域旅游"经验做法

一、休宁县发展多维生态"全域旅游"的做法

（一）科学编制规划，引领全域旅游发展

按照全域旅游发展理念，着手出台《休宁县全域旅游发展实施意见》。《休宁县全域旅游发展规划》初稿已编制完成。按照要求，大力发展全域休闲度假游、文化体验游、养生研学游等旅游产品，加快构建区域旅游发展新格局，引领休宁县旅游业全面转型升级和跨越式发展，将旅游业发展成为全县国民经济的战略性支柱产业和特色主导产业。

（二）全力抓好齐云山，推进精品景区建设

以齐云山景区5A创建工作为抓手，结合特色小镇、美丽乡村建设，全力推动齐云山景区质量提升工作的有效开展。如下图所示。树立精品景区意识，充分发挥齐云山作为休宁旅游产业发展的龙头示范作用，努力打造集"餐饮、住宿、交通、文化、演绎、休闲、养生、民俗"等为一体的特色产业链，形成旅游休闲产业集聚区。目前，自由家营地、祥源·齐云小镇、祥福瑞客栈等已正式运营，旅游公共服务体系、旅游业态进一步优化。

图　中国四大道教圣地——齐云山

（三）注重政府引导，统筹项目建设

发挥资金整合叠加效应，将美丽乡村建设、百佳摄影点建设、全域环境整治、百村千幢工程等项目进行融合，全县旅游线路、旅游标识标牌、农家乐、旅游厕所、旅游停车场等基础设施建设得到完善提升。社会资本投入旅游产业开发掀起新热潮，涌现出像大阜、祖源、南坑、瑯斯等一批乡村旅游点。

（四）打造旅游+业态，助力乡村旅游

积极推进"旅游+"特色产业，在"旅游+农业""旅游+生态""旅游+文化"等方面持续打造和推出一批旅游新业态项目，形成三产联动的乡村休闲旅游新局面。泉水鱼养殖是休宁县"旅游+农业"的一个典型成功案例，2015年成功申报为"中国重要农业文化遗产",仅2016年就投入专项资金320万元,扶持泉水鱼养殖项目18个,共发展家庭养鱼2 500户,年产量达850吨,年销售收入达1.2亿元。目前,休宁县板桥、汪村等地共有400余农户依托泉水鱼办起了"渔家乐""农家乐",并且还带动有机茶、红薯干、苞芦松等特色农产品开发销售。每年举办的"赏呈村油菜花,走徽饶古驿道,品板桥泉水鱼"活动成为乡村旅游品牌活动,"吃农家饭、品泉水鱼、住农家屋"成了休宁乡村休闲游的新时尚。

（五）深挖文化内涵,推动文旅融合发展

在全力做好保护利用工作的前提下,深入挖掘丰富的道教文化、状元文化、罗经文化资源内涵,传承文化精髓,创新旅游新业态。高起点、高标准启动状元博物馆三期工程建设;进一步加强文旅融合,紧扣齐云山道乐、鹤城板凳龙、万安老街等旅游卖点,开发松萝茶、五城茶干、米酒、罗盘等特色旅游商品,包装打造齐云山道文化旅游节、松萝茶文化旅游节、油菜花摄影节等主题节庆活动,全力提升我县文旅品牌的市场知名度。

二、休宁县多维生态"全域旅游"未来计划

下一步,休宁县将紧紧围绕"一山、一湖、一城、一镇、一村"五大核心布局,以"旅游+"作为发展新引擎,对照齐云山5A创建标准和要求,结合齐云山特色旅游小镇建设,全力以赴争创齐云山5A级景区;依托国家级重点水利项目月潭水库,打造月潭湖风景区,助推全县形成"湖光山色"的旅游格局,引领休宁全域旅游健康有序发展。

（一）加快产业融合发展

依托地方特色,实现旅游产业与"三产"融合发展,加大金融支持力度,谋划一批旅游与文化、体育、养生、农业等产业深度融合的项目,完善旅游基础设施建设,推动景区景点旅游向全域旅游转变。

（二）注重整体形象推广

全域优化配置社会经济发展资源,依托"旅游+互联网",实现线上线下宣传营销,既为外来游客提供服务,同时也最大限度地满足本地居民的需求。

（三）实现区域联动发展

整合旅游资源,加大资金引进和人才培养力度,促进区县之间、乡村旅游示范村之间、景区之间的联动发展,建立合作共赢的开放格局。

第八章　现代都市多维生态农业示范园项目建设

现代都市农业示范园采取互联网+物联网+电商+田间综合体模式。

第一节　项目背景

我国是农业大国，但农业基础相对薄弱。要改变这一现状，必须加快改造传统农业，发展现代农业，而建设现代农业示范园区是推进农业现代化、提升农业科技水平、提高农业生产能力，示范引领现代农业全面发展的重要手段之一。

一、建设现代农业示范园是社会经济改革的必然要求

经过几十年的发展，我国农业生产力有了一定程度的发展，农产品供给已由相对紧缺到相对平衡与富余，传统农业结构调整与生产要素优化配置的需求日益增强。在此背景下，现代农业示范园建设就成为我国农业发展第三次变革的起点，它将改变传统农业低产、低效、粗放经营的特征，成为实现农业资源利用的高效化、农业产出率和农业生产效益的高值化的桥头堡。

二、建设现代农业示范园是提高农产品国际竞争力的重要手段

随着我国经济社会发展以及与国际市场的全面接轨，农业发展从主要面向国内市场转向面向国内、国际两个市场。在面临国际农副产品冲击的背景下，建设现代农业示范园区，通过示范、推广和运用高效、环保、节能型生产技术，推进农业标准化、生态化、安全化生产，保障食品质量安全就成为提高我国农产品国际竞争力的重要手段。

三、建设现代农业示范园是新一轮农村经济启动的切入点

2014年中共中央国务院印发了《关于全面深化农村改革加快推进农业现代化

的若干意见》，指出推进中国特色农业现代化要始终把改革作为根本动力，要以解决好"地怎么种"为导向，加快构建新型农业经营体系，以解决好地少水缺的资源环境约束为导向，深入推进农业发展方式转变，以满足吃得好、吃得安全为导向，大力发展优质安全农产品，努力走出一条生产技术先进、经营规模适度、市场竞争力强、生态环境可持续的中国特色新型农业现代化道路。同时，随着土地、劳动力等天然禀赋资源作用的相对下降和市场、信息、品牌、人才、创新环境等后天获得性资源作用的与日俱增，现代农业示范园以其示范性、科技性、高效性的特征成为新一轮农村经济启动的切入点。

第二节　发展多维生态农业物联网的战略意义

传统农业发展模式已远不能适应可持续发展的需要，而物联网技术在农业上的应用能极大地改变农业的经营方式和作业方式。随着物联网技术的发展，农业将逐渐从以人力为中心、依赖于孤立机械的生产模式转向以信息为中心的生产模式，从而大量使用各种自动化、智能化、远程控制的生产设备，确保农产品质量安全，引领现代农业发展。

一、农业物联网的概念

物联网是指通过射频识别（Radio Frequency Identification，RFID）、传感器、全球定位系统、激光扫描器等传感设备，按约定的协议，把物品与互联网等网络连接起来，进行信息交换、通信、处理，在实现智能化识别、定位、跟踪、监控、管理和服务的基础上，深度应用于经济社会或自然领域，提高人类生产和生活管理水平的全新信息系统。将物联网相关技术应用于农业领域，就形成了农业物联网。"十一五"以来，以农业信息化、农产品质量追溯、精准农业和智能农业为主要内容的农业物联网建设在我国各地取得了积极进展。

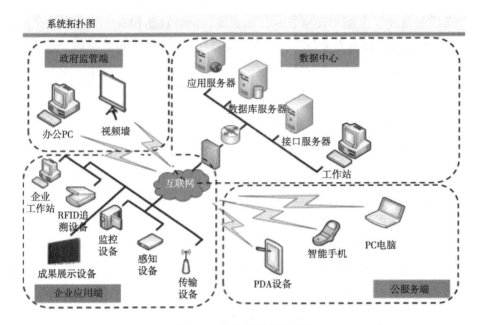

图8-1　农业物联网的应用

农业物联网如图8-1所示。以蔬菜大棚为例，在大棚控制系统中，运用物联网系统的温度传感器、湿度传感器、pH值传感器、光传感器、CO_2传感器等设备，检测环境中的温度、相对湿度、pH值、光照强度、土壤养分、CO_2浓度等物理量参数。通过各种仪器仪表实时显示或作为自动控制的参变量参与到自动控制中，保证农作物有一个良好、适宜的生长环境。结合无线传输技术，远程控制的实现使技术人员在办公室就能对多个大棚的环境进行监测控制。采用无线网络来测量并获得作物生长的最佳条件，可以为温室精准调控提供科学依据，达到增产、改善品质、调节生长周期、提高经济效益的目的。

二、发展农业物联网的战略意义

（一）推动我国农业走向信息化的重要举措

当今世界已经进入信息化时代，现代信息技术迅猛发展，以信息化引领经济社会发展的趋势越来越明显。积极发展农业物联网和加快推进农业信息化是增强政府管理决策能力、促进农业转型升级、提高农业效益、增加农民收入的重要举措。中共十七届五中全会提出，要继续加大强农惠农力度，夯实农业农村发展基础，提高农业现代化水平和农民生活水平，在工业化、城镇化深入发展过程中同步推进农业现代化。同时，加快转变农业发展方式，推进农业科技创新，发展高产、优质、高效、生态、安全农业，加快发展设施农业和农产品加工业、流通业，促进农业生产经营专业化、标准化、规模化、集约化，推进现代农业示范区建设，提高农业综合生产能力、抗风险能力、市场竞争能力，走出一条有中国特色的农业现代化道路。

（二）我国人多地少国情的必然要求

发展农业物联网，提高农业综合生产能力，是我国人多地少国情的必然要求。我国人多地少，水资源高度紧缺。随着工业化、城镇化步伐的加快，人口增长与资源匮乏的矛盾将进一步加剧。面对这种矛盾，要想在日益狭小的资源空间上生产出越来越多、越来越好的农产品，就必须依靠科技进步。应用农业物联网技术能够不断提高土地产出率、资源利用率和劳动生产率。随着农业物联网技术的大范围应用，我国农业抗风险能力不断增强，农产品国际竞争力不断提高，农业综合生产能力不断增强。

（三）我国农业进入新阶段的客观需要

发展农业物联网，促进农业劳动过程机械化，是我国农业进入新阶段的客观需要。2010年我国外出就业的农民工已达1.5亿人。随着农业劳动力大量向外转移和农村生产生活方式的变化，农产品生产的某些环节或全过程迫切需要实现机械化。针对我国农业自然再生产和经济再生产的特点，大力发展农业物联网相关技术，推动农业科技创新，实现农业劳动过程的机械化，减少劳动力数量投入，这已成为我国农业生产要素变化的现实要求。在依赖物联网技术、推进农业劳动机械化的过程中，应紧紧围绕农业的规模化、精准化、设施化，在田间作业、设施栽培、健康养殖、精深加工、储运保鲜等关键环节，大力开展科技研发，尽快开发出一批多功能、智能化、经济型的农业物联网装备设施，为实现农业机械化提供物质基础。

（四）农业发展方式转变的重要途径

发展农业物联网，实现农业生产经营信息化，是转变农业发展方式的重要途径。我国正处在由传统农业向现代农业加快转变、推进农业现代化建设的关键时期。目前，农业信息化技术日新月异，采用农业物联网的发展理念，充分利用计算机技术、微电子技术、通信技术、光电技术、遥感技术等各种现代信息技术装备农业，重点开发信息采集、精准作业、灾害预警等先进技术，完成农产品生产、加工、储运和销售等环节的科学化和智能化，可以实现农业生产、经营、管理、流通的信息化，也能实现资源环境保护利用的信息化。这有利于切实转变农业发展方式，合理利用资源，提高农业效益，增加农民收入。

（五）我国农业科技进步的必然趋势

发展农业物联网，实现技术集成化，是加速我国农业科技进步的必然趋势。运用农业物联网技术、实现农业技术集成化是加速我国农业科技进步的重要内容，农业技术集成强调的是多项技术的配套使用。现阶段，发展现代农业，转变农业发展方式，实现农业生产的高产、优质、高效、生态、安全，仅仅靠单一技术突破是无法完成的，必须充分运用物联网相关技术，整合科技资源，加强农业技术研发和集成，重点支持生物技术、良种培育、丰产栽培、农业节水、疫病防控和防灾减灾领域的创新，推进农业科技进步，实现农业现代化。

第三节 现代都市多维生态农业产业园智能农业系统

一、系统简介

1. 农业"互联网+"和物联网

用"互联网+农业"武装农业、提升农业，实现农业的可持续发展。利用物联网技术实时远程获取生产基地内部的空气、温湿度、土壤水分温度、CO_2浓度、光照强度及视频图像。通过模型分析，远程或自动控制湿帘风机、喷淋滴灌、内外遮阳、顶窗侧窗、加温补光等设备，保证温室大棚内环境最适宜作物生长，为作物高产、优质、高效、生态、安全创造条件。同时，通过手机、PDA、计算机等信息终端向农户推送实时监测信息、预警信息、农技知识等，实现温室大棚集约化、网络化远程管理，充分发挥物联网技术在设施农业生产中的作用。

2. 农产品质量安全追溯系统

现代都市农业示范园质量安全追溯平台面向田间地头，对各环节进行管理，具备生产追溯管理、质量安全检测管理、视频监控、物联网技术应用等功能。

3. 作物长势监测及病虫害防治

在实时监测作物长势的基础上，结合作物模型和积温等气象数据，预估每个地块的产量。由于卫星覆盖的面积大，能极大降低大田的监测成本。开发设计一个诊断方法快捷、方便化，诊断过程可视化，诊断决策科学化，诊断结果可靠化，信息资源共享化的农作物病虫害专家在线视频防治系统尤为重要，该系统可以为作物病虫害防治提供有效的技术支持。

4．区域性农产品电商平台

通过项目实施，建立园区企业电商平台。在精细化生产管理、农产品质量安全追溯系统建设的基础上，建立多元素、多技术集成的新型农产品电商平台，该平台具备农产品价格查询、在线销售系统、大客户服务、企业CRM管理、移动手机支持等应用功能。平台的建立为农产品电商平台奠定了技术基础，能够形成区域中心，从而更好地服务于社会。

5．现代都市农业观光休闲园

结合现代都市农业园的优势，融入智慧旅游的理念，打造智慧农业观光休闲园。与大专院校、科研院所合作，组建科研团队，把新品种、新技术、新模式集中展示出来，形成高端技术、品种、模式和生态环保、旅游休闲的综合性现代农业科技展示基地。利用已成熟的有机农产品销售渠道，结合现代农业的观光休闲及生态养老、旅游地产的开发，以生态旅游带动销售，实现产销相结合。

6．基于物联网的现代都市农业管控平台

建立基于物联网数据的现代都市农业管控平台，实现数据的实时展示、VR园区展示和生产视频展示等功能。如图8-2所示。

图8-2　现代都市农业管控平台

二、系统集成要素

系统包括传感终端、通信终端、无线传感网、控制终端、监控中心和应用软件平台。

1.传感终端

温室大棚环境信息感知单元由无线采集终端和各种环境信息传感器组成。环境信息传感器监测空气温湿度、土壤水分温度、光照强度、CO_2浓度等多点环境参数，通过无线采集终端以GPRS方式将采集数据传输至监控中心，用以指导生产。

2.通信终端及传感网络建

温室大棚无线传感通信网络主要由两部分组成，即温室大棚内部感知节点间的自组织网络、温室大棚间及温室大棚与农场监控中心的通信网络。前者主要实现传感器数据的采集及传感器与执行控制器间的数据交互。温室大棚环境信息通过内部自组织网络在中继节点汇聚后，将通过温室大棚间及温室大棚与农场监控中心的通信网络实现监控中心对各温室大棚环境信息的监控。

3.控制终端

温室大棚环境智能控制单元由测控模块、电磁阀、配电控制柜及安装附件组成，通过GPRS模块与管理监控中心连接。根据温室大棚内空气温湿度、土壤温度水分、光照强度及CO_2浓度等参数，对环境调节设备进行控制，包括内遮阳、外遮阳、风机、湿帘水泵、顶部通风、电磁阀等设备。

4.视频监控系统

作为数据信息的有效补充，基于网络技术和视频信号传输技术，对温室大棚内部作物生长状况进行全天候视频监控。该系统由网络型视频服务器和高分辨率摄像头组成。网络型视频服务器主要用以提供视频信号的转换和传输，并实现远程的网络视频服务。在已有互联网上，只要能够上网就可以根据用户权限进行远程的图像访问、实现多点、在线、便捷的监测方式。

5.监控中心

监控中心由服务器、多业务综合光端机、大屏幕显示系统、UPS及配套网络设备组成，这是整个系统的核心。建设管理监控中心的目的是对整个示范园区进行信息化管理并进行成果展示。

6.应用软件平台

通过应用软件平台将土壤信息感知设备、空气环境监测感知设备、外部气象感知设备、视频信息感知设备等各种感知设备的基础数据进行统一存储、处理和挖掘，通过中央控制软件的智能决策，形成有效指令，通过声光电报警指导管理人员或者直接控制执行机构的方式调节设施内的小气候环境，为作物生长提供优良的生长环境。

三、智慧农业系统的功能

智慧农业系统主要有以下功能。

1. 信息采集和控制功能

智慧农业系统能够实现对农作物生长环境，如CO_2、光照度、温湿度和土壤参数等因素信息的采集、传输和接收。

2. 物理传感设备监控功能

智慧农业系统能够对远程部署在自然环境中的各种传感设备的工作状态进行实时监控。

3. 环境监控管理功能

智慧农业系统能够实现对物理传感设备采集到的各种信息的过滤、分组、关联、聚合等操作，形成对用户有效的信息；提供阈值设置功能；对异常信息提供智能分析、检索、告警以及对异常情况自动处理，如当土壤湿度低于设定阈值时，自动启动水帘等设备进行浇水。

4. 数据监测和数据导出功能

农户可以在网页上浏览检测的数据，掌握农作物各个时期的生长情况，也可以将历史数据导出，进行分析对比，便于寻找规律，作出正确的决策。

5. 实时监测功能

通过传感设备实时采集温室或大棚内的空气温度、湿度、CO_2、光照、土壤水分、土壤温度、棚外温度与风速等数据，将数据通过移动通信网络传输给服务管理平台，服务服管理平台对数据进行分析处理。

6. 远程控制功能

条件较好的大棚安装有电动卷帘、排风机、电动灌溉系统等机电设备，实现远程控制功能。农户可通过手机或电脑登录系统，控制温室内的水阀、排风机、卷帘机的开关，也可设定好控制逻辑，系统会根据内外情况自动开启或关闭卷帘机、水阀、风机等机电设备。

7．查询功能

农户使用手机或电脑登录系统后，可以实时查询温室或大棚内的各项环境参数、历史温湿度曲线、历史机电设备操作记录、历史照片等信息。登录系统后，还可以查询当地的农业政策、市场行情、供求信息、专家通告等，有针对性地获得综合信息服务。

8．警告功能

警告功能需预先设定适合条件的上限值和下限值，设定值可根据农作物种类、生长周期和季节的变化进行修改。当某个数据超出限值时，系统立即将警告信息发送给相关的农户，提示农户及时采取措施。

四、智慧农业系统的创新特色

智慧农业系统在以下四个方面进行了创新，具有不同于其他系统的特色。

1．先进性

智慧农业系统所采用的传感器、通信技术和软件平台在国内均属领先水平。

2．可靠性

智慧农业系统的软硬件都经过了大量的实际应用和严格测试，具有良好的可靠性。

3．易用性

智慧农业系统的硬件设备安装和维护更方便，软件平台界面更友好，操作方便，易学易用。

4．扩展性

智慧农业系统的软硬件都采用了模块化设计，可扩充结构及标准化模块，便于系统适应不同规范和功能要求的监控系统。

第四节　多维生态农业物联网的应用领域及效果分析

一、农业物联网的应用领域

农业物联网技术是实现农业集约、高产、优质、高效、生态、安全的重要支撑，其核心是利用现代信息技术手段，对农业生产的各种要素进行数字化采集、科学化管理、智能化控制、精准化服务，提高管理支持，降低生产成本，提高产业效益。智能农业服务技术包括农情精准获取技术、数据自动处理技术和信息推送应用技术，具有互动性、智能性、主动性、即时性、预见性等独特优势。从智能农业的操作实践上看，多维生态有限公司的农业物联网智能应用领域主要体现在对温室大棚种植、畜禽养殖、水产养殖和水体环境的智能检测控制方面。

（一）温室大棚

通过各种传感器实时监测温室大棚温度、湿度、光照、CO_2、土壤水分等环境因子数据，在专家决策系统的支持下进行智能化决策，自动控制生产设备；也可以通过电脑、手机、触摸屏等终端，实时远程调控湿帘风机、喷淋喷灌、内外遮阳、加温补光等设备，调节大棚内生长环境至适宜状态。温室大棚环境智能控制系统集数据和图像实时采集、无线传输、智能处理、预测预警、信息发布、辅助决策等功能于一身，能及时获取大棚内作物的现场信息。如图8-3所示。

图8-3　农业物联网之田间监测控制

（二）畜禽养殖

实时采集养殖区资源信息，实现养殖环境因素的远程调控，部分养殖场已实现了饲喂、繁育、粪便清理等环节的自动化、智能化、精准化控制。如养鸡场、养猪场智能监控管理系统，可对鸡舍、猪场环境进行监测，发送短信和拨打电话报警，通过无线终端远程控制鸡舍、猪场内的灯光、风扇、降温等设备，记录温度、湿度、光照等基础数据，与鸡舍、猪场饲养密度、品种、健康状况、肉料比等数据建立关联模型。

（三）水产养殖和水体环境

水产养殖环境智能监控系统具有数据实时自动采集、无线传输、智能处理、预测预警和辅助决策等功能，可实现对河蟹养殖池水质，特别是溶解氧的监控与调节，有效改善河蟹生长环境，提高河蟹产量和质量，减少对周边水体的环境污染。通过在线监控系统，自动检测水体温度、pH值、溶解氧、氨氮等与养殖业关系密切的理化因子，随时检测养殖水面环境，掌控池塘增氧、水泵运行等情况。水质一旦发生异常，微孔增氧系统自动开启，均衡增加水体溶解氧。

智能农业服务已成为指导农业生产的重要支撑，对于提高各生产要素的利用水平，减轻对环境的不利影响，进一步挖掘农业增产潜力，提高农业科技含量和劳动效率，促进农业健康发展和农民增收，应对现代农业可持续发展中遇到的各种困难和挑战发挥了重要作用。

二、农业物联网技术应用的效果

实际证明，在设施农业生产中将物联网与精准农业技术相融合，明显提高了设施农业的生产和管理效率。如图8-4至图8-9所示。

（一）提升农产品追溯管理水平

通常的农产品追溯方案只是对农产品流通的各个环节加以各种跟踪手段，便于在出现问题时从零售环节追溯到生产的场所。但对于生产源头的管理往往采用自主管理的方式，并未对生产过程进行有效监控和管理。所以，当农产品质量出现问题时，也是事后知晓，无法做到防患于未然。通过物联网最新的传感器技术与无线通信技术相结合，并利用已积累的产业链整合优势，能开发出低成本农业物联网节点器件。器件本身具备实时传感、数据分析、无线上传的功能，实时监测蔬菜大棚温度、湿度、光照、CO_2、土壤水分等环境要素。所以，农业物联网技术的应用能实现从源头监控农产品的生产过程，能提高农产品追溯的管理水平。

（二）提高农业节水效率

2009年我国设施农业已突破300万公顷，在设施农业发展初期和中期，使用的灌水设备相对落后，存在用水浪费、从源头取水计量管理水平低、高性能节水设施的研制与开发水平低等问题。粗放式的灌溉方法和落后的灌水技术不适应"两高一优"设施农业生产的要求。

21世纪初，为实现设施灌溉用水管理手段的现代化与自动化，满足对灌溉系统管理的灵活、准确和快捷的要求，精准灌溉技术在我国设施农业生产中逐步得到应用，先后开发出的滴灌、渗灌、微喷灌、脉冲灌溉等灌溉设施，形成了调亏灌溉、分根区交替灌溉和部分根干燥等作物生理节水灌溉技术。GIS和GPS系统、遥感和遥测、信息采集与处理技术等逐渐应用到设施农业生产灌溉技术中，设施栽培作物水分利用效率明显有所提高。设施栽培灌溉技术正朝着信息化、自动化、智能化以及多功能、节能、低压等方向发展。

实际应用表明，在设施栽培中开发出的精准灌溉监控系统能够使灌溉水的利用率由现在的45%提高到70%~80%，可有效控制土壤湿度，提高地温，减少病害，促进作物早熟，提高作物的产量和品质，取得较好的节水、省工、增产效益。

（三）控制化肥施用量

我国设施农业生产的95%是蔬菜生产，蔬菜本身需肥量大，在设施蔬菜生产中普遍存在化肥使用过量，氮、磷、钾养分比例失调，肥料品种选择不合理或使用方法不得当等问题，造成蔬菜中硝酸盐含量增加。精准施肥技术充分地利用了作物、土壤空间和时间变化，进行耕作和田间管理，改变了传统的大片土地平均施用化肥的做法，保证了作物生产潜力的充分发挥，避免了过量施用农药和化肥造成的生产成本增加和污染农业生产环境，导致农产品品质和价值下降的严重后果，取得的经济和环境边际效益非常显著。

（四）减少农药施用量

设施栽培作物常年处于适宜的湿度条件，病虫害发生种类多，为害时间长。因此，农药使用的品种、次数与用量比大田作物多；设施内由于薄膜或其他覆盖物的阻挡，紫外线强度减弱，与大田作物相比，对农药光化学分解作用较少；设施大棚处于封闭状态，风力相对很较小，空气流动缓慢，农药不易挥发散失，空气中的残留农药易降落到作物表面，加之无法接受露珠、雨水的淋溶，农药溶解缓慢，由此造成设施栽培作物农残超标严重，设施蔬菜生产中氰菊酯、敌敌畏、乐果三种使用比较普遍的农药在蔬菜叶菜上的残留率高达15%以上，而在大田叶菜上的残留率仅为5%左右；设施茄果类的残留率达7%以上，而大田茄果类的残留率仅为0.8%左右。从三种农药最高超标含量分析，设施叶菜、茄果类高于大田蔬菜的几倍甚至几十倍。随着新型喷头技术、气流辅助喷雾技术、靶标施药技术等精准施药技术在设施栽培中的广泛应用，可使药液在植物叶片上的有效沉积高达90%以上，降低农药用量15%以上，有效缓解了设施生产中农药超标的问题。

（五）降低种子成本

以设施蔬菜生产为例，年需蔬菜种子量约为12万吨，其中进口种子约占需求量的1/4。这些种子主要用于设施蔬菜生产，由于其多数是新优品种，价格昂贵，每年从国外引进蔬菜种子费用高达80多亿元。采用常规的播种方法，其种苗成苗率只有75%左右，采用精确播种，可使种苗成苗率提高到95%以上，大幅度降低了蔬菜生产成本。

物联网水质监测系统

水质监测设备：
东西湖维农

图8-4　农业物联网之水质监测系统

物联网应用平台

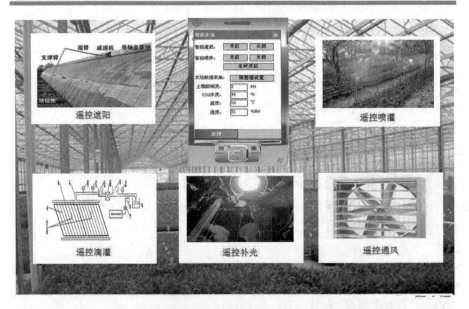

图8-5　农业物联网之应用平台

质量安全追溯平台

图8-6　农业物联网之质量安全追溯平台

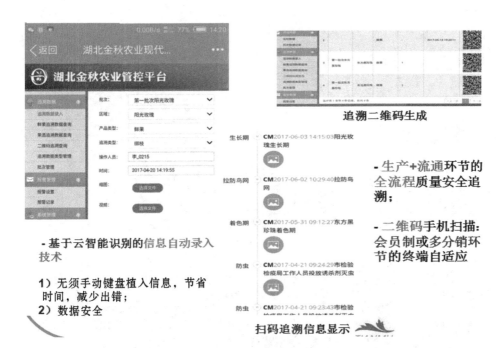

追溯二维码生成

- 基于云智能识别的信息自动录入技术

1）无须手动键盘植入信息，节省时间，减少出错；
2）数据安全

- 生产+流通环节的全流程质量安全追溯；

- 二维码手机扫描：会员制或多分销环节的终端自适应

扫码追溯信息显示

图8-7　湖北金秋农业管控平台

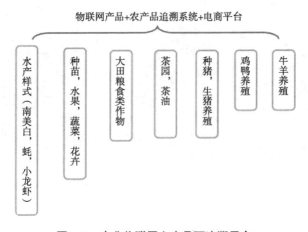

图8-8　农业物联网之产品可追溯平台

图8-9　农业物联网技术组

三、项目效益分析

（一）经济效益

当前，农业产业的设施化、机械化程度不高，难以按照现代化技术标准组织生产经营、高效发展，防灾减灾能力不高。建设现代都市农业产业示范园，积极应用现代农业技术装备与设施，优化产业的灌溉、排涝、防冻等设施化条件，能够有效抵御寒潮、冰雹、雷暴、干旱、洪涝等自然灾害，加强减灾防灾能力。同时，基地积极引进和应用现代农业管理理念与经营模式，能够引领黄山市蔬菜产业向规模化、规范化、品牌化方向发展，有利于提高蔬菜产业的市场竞争力和农业现代化水平。通过精细化生产管理、农产品质量安全追溯系统建设，以及多元素多技术集成的新型农产品电商平台的建立能有效提升农业销售收入20%以上。

（二）社会效益

通过项目建设，打造一个高科技、现代化的都市农业产业示范园，有利于提高农业生产过程中的抗灾能力，引导带动项目区周边农民从事设施农业生产，促进区域农村经济及社会环境和谐发展。随着农业结构调整的不断深入，传统农业已越来越不适应人民生活水平提高对农产品品质和健康的要求。当前，在工业化和城市化高度发展的过程中，打造一批生产技术先进、经营规模适度、市场竞争力强、生态环境可持续的现代都市农业示范园，引领带动黄山市农业现代化发展，促进经济、社会、生态协调发展，这对建设"两型社会"是十分必要和迫切的。

（三）生态效益

农业结构战略性调整是农业和农村工作的主要任务。建立现代都市农业蔬菜示范园，发展综合效益更高的设施蔬菜产业能够降低传统农业产业比重，优化农业生产结构，满足居民对农产品的多样性需求；对蔬菜实行绿色无公害的现代化生产，使用有机生物肥、生物农药，尽量避免对土壤、大气及水系造成污染，减少了面源污染，保护当地生态环境的同时确保了"菜篮子"产品的安全。同时，项目能够示范和引导农民学习和掌握现代农业新技术、新标准、新模式，推广蔬菜新品种，提升蔬菜标准化生产水平，创立蔬菜新品牌，促进农业增效和农民增收。

第九章 多维生态农业的发展前景

多维生态农业以生态系统工程为解决方案，以农业生物技术为第一动力，以高质量新型农业模式为突破口，解放农村生产力是关键。多维生态农业是农业实现由量变到质变，再到农村巨变的重要抓手。

第一节 多维生态农业的市场前景

一、我国多维生态农业的现状

我国拥有76亿亩山区草原，这个面积是18亿亩耕地面积的4.2倍，其中山区面积占国土面积的69%，且592个贫困县大部分在山区。我国有1 000余个产茶县，茶园面积4 300万亩，油茶面积6 400万亩，山坞田面积4.5亿亩，合计5.57亿亩。利用好山区土地资源，发展木本草本粮棉油和饲料替代每年的进口，这需要开发20亿亩山区草原，而本书所述的改造现有5.57亿亩远远不能满足13亿多人口对绿色食品的巨大市场需求，这说明新型农业模式有着广阔的市场前景和巨大的资源利用开发潜力。

二、新型生态农业的衍生

在新模式、新业态下，我国农业供给侧改革会不会创造出百万亿元以上的绿色生态产业？农业短板会不会转变成13亿人消费内需强劲增长的新动能？

新型生态农业会衍生以下五大板块。

（一）新型农业模式下的技术培训服务业

我国农民亟须学习和掌握农业新技术，这是非常必要的，需要培训的这一群体非常大。

（二）新型农业模式下的乔灌草装备制造业

我国76亿亩山区草原，其中大部分亟需调优调顺调好，18亿亩耕地需要发展森林农业造水。

（三）新型农业模式下的农业中高端设备装备制造业

我国是农业大国，各省、市、县都亟须创建与"三产"高效融合相配套的农业园，通过农业园带动全国各地农村特色小镇的发展。

（四）新型农业模式下的新兴农林战略产业和市场

对亿万吨转基因粮棉油和饲料的替代可以通过大循环农业来解决，这也是绿色、高效、低成本农业的必要途径。只有这样，我国的农产品才能在国际市场上具有竞争力。

（五）对外贸易

未来我国的绿色生态产业能否紧随"一带一路"建设走出国门？能否修复近10年毁掉的2.9亿公顷世界森林？仅此一项就需要几十万亿株有花叶果实的苗木，又一个百亿元级的绿色生态产业，因为全世界需要共同应对频繁的极端气候灾害。这是因为，世界已破坏和损失了2.9亿公顷（折合43.5亿亩）森林，这意味每年减少1 350亿吨CO_2的吸收和丧失森林1 500亿吨蓄水保水功能，这些CO_2和蓄水保水都挥发到地表上空兴风作浪，制造频繁的极端气候，"雾+霾"可能与大量的水气有关系，黄山的空气和环境尽管非常好，但也常常有雾，北京是"雾+霾"，全国现在都差不多，一年好多天不见天日。

第二节　多维生态农业的效益

一、经济效益

以茶园、油茶、水田三种模式为例。

我国大约有1 000余个产茶县，4 300万亩茶园，6 400万亩油茶，水田面积4.5亿亩。

以皖南山区休宁县为例。全县27.4万人，茶园17万亩、油茶10万亩、山坞田11万亩，合计38万亩。如果通过新型茶园模式和稻田模式，每亩新增收入

5 000 ~ 10 000元，全县农民年新增收入可达19亿~38亿元，全县每人年均新增收入可达6 900 ~ 13 800元。

以皖西山区霍山县为例。全县37万人，茶园13万亩、油茶5万亩、山坞田23万亩，合计41万亩。如果通过新型茶园模式和稻田模式，每亩新增收入5 000 ~ 10 000元，全县农民年新增收入可达20.5亿~41亿元，全县每人年均新增收入可达5 500 ~ 11 000元。

以平原地区为例。《一种复合式循环农业种植模式》国家发明专利适合大面积北方平原地区的生态系统升级改造，以20万~30万亩耕地为中心，建立与之配套的种、养、微、加、畜、禽、菌农业园，将大幅提高土地资源、废弃物资源的利用率和产出率。通过大循环农业，构成林区、粮区、牧区、水区农林牧副渔全面发展的大农业生态循环体系，大幅提高18亿亩耕地的农民收入。

综上所述，通过立体混合种养模式把农民的茶园、油茶地或北方果园、水田或平原耕地的亩收入提高到5 000 ~ 10 000元甚至以上，也就意味着山区农民全面小康的到来，这是生物技术带来的农业绿色革命。一旦通过生物智能化农业技术创造出多种农业新模式，解放农村生产力，一个13亿人口的消费大市场就会出现奇迹。当农村每亩土地的收入提高到5 000 ~ 10 000元甚至以上的时候，参照城市房产50 ~ 70年总价值计算，农村30年土地承包×30亿亩（18亿亩耕地+果园+茶园+山地等）×（5 000 ~ 10 000元/亩）=450万亿~900万亿元，我国农村会形成巨大的土地流转和交易平台，一举解决农业融资难问题和政府地方债问题，而目前GDP总量为80万亿元，相信这一天会早日到来。

二、社会效益

未来，依托创建巨农网，通过农业培训共享基地、共享市场、共享股权方式发展农村共享经济，新型模式会产生新业态和巨大的新动能，每种新型模式都孕育着巨大的产业。概言之，有4条主线。

（一）第一条主线

以多维生态稻田——高粱红稻专利品种、专利模式为自主核心技术，可在全国4.5亿亩山区水田推广。多维集团与航天等集团进行战略合作，计划在第2年即2018年立体种植高粱红稻1万亩，销售1.05亿元，毛利6 700万元；计划在第3年即2019年立体种植高粱红稻5万亩，销售5.25亿元，毛利2.35亿元，依此类推。

（二）第二条主线

以多维生态茶园木瓜果醋、蛋白酶、明日叶茶、桂花香油专利产品、新型茶园专利种植模式为核心技术，先在不同地区的茶园建示范园，示范效果产生以后辐射全国1 000余个产茶县的4 300万亩茶园和6 400亩油茶基地，通过两茬立体混合种植示范基地的苗木销售可以放大n倍。农民获得多种农产品收入，茶厂实现多种花叶果实多元化产品深加工。

（三）第三条主线

以多维生态平原模式打造"北方绿城"自主专利核心技术，可以推广苗木数量至少400亿株以上（农林牧副渔是一体）：通过繁育、种植在北方有经济效益、在冬天也会常绿的树种来强化北方旱区的蓄水保水造水和防风固沙功能，增强湿地洼地、病虫害防护带、多功能农业园大循环体系，建设以10万～30万亩为单位的田园综合体，减少传统农业模式对地下水的过度超采和抑制耕地质量下降，这个大市场需要大规模打造"北方绿城苗木"。目前多维生物有限公司已在河南繁育10万株苗木，计划2018年繁育200万株，2019年将繁育2 000万株……以此修复生态，打造北方的绿水青山、金山银山。如果改造北方的山地平原，1亿亩就需要繁育400亿株四季常绿苗木。

（四）第四条主线

打造多种新型农业模式"培训基地"，制定新型模式国家生态农业综合标准化、多功能大循环农业实验区，发展多维生态农业，以获得"全国青少年食品安全科技创新实验示范基地"和"中国技术市场协会多维生态农业培训中心"牌照为契机，多维生物有限公司正在与农业部、科技部、中国科协积极沟通，共同打造我国新型农业模式"培训基地"，为迎接这场农业变革培育新型农民，为发展绿色、高效循环农业培育人才，我国农民群体非常大，这个新型模式的培训市场非常大。

建设美丽中国、建设美好乡村需要许多彩色树种、奇花异果的乔灌草以及打造城乡室内外健康的生态植物、美好生活的芳香、养生、健康、善食植物等，这些都孕育着巨大的绿色生态产业，都是数万亿元级的新兴绿色生态产业，让我们在中国新时代希望的田野上张开双臂迎接绿色农业春天的到来。

三、生态效益

新型农业模式可以让山区茶园、油茶园、果园、山坞田的亩收入提高到5 000～10 000元甚至以上，这意味着全国许多贫困县可以通过生物智能化农业自身的"造血"而脱贫致富。新型农业模式可以减少农药化肥污染、实现食品安全、修复生态环境，形成多项农林产业。选择有花叶果实收入的、能够帮助农民脱贫致富的优质苗木，调优调顺调好最大面积的山区草原，改造稀薄的灌木杂草和次生松树、杉树、杨树等构建"绿水青山"，增强林草防风固沙、蓄水保水的功能，降低旱涝等自然灾害，这完全符合习总书记提出的"绿水青山就是金山银山"的科学论断，也是更好实现这一目标的重要途径。

参考文献

卞有生，金冬夏，邵迎晖.2000.国内外生态农业对比——理论与实践[M].北京：中国环境科学出版社.

曹俊杰.2010.山东省几种现代生态农业模式的特征及其功效分析[J].中国软科学，28（12）：107～114.

陈光辉，汪威力，余想女，等.2017.多维生态农业模式的探索[J].科技视界（5）：16～19.

程序，曾晓光，王尔大.1996.可持续农业导论[M].北京：中国农业出版社.

丁毓良，武春友.2007.生态农业产业化内涵与发展模式研究[J].大连理工大学学报（社会科学版），11（4）：24～29.

樊同炽.2000.生态农业是农村经济持续发展的必由之路[J].生态经济（10）：38～39.

高文永，李景明.2015.中国农业生物质能产业发展现状与效应评价研究[J].中国沼气（2）：21～26.

芶在坪.2008.国外农业循环经济的发展[J].再生资源与循环经济，30（11）：41～44.

简鑫，杨骁.2012.循环经济理论指导下的生态工业园区构建探索[J].管理学家，29（2）：56～60.

刘大海.2012.关于当前农村劳动力转移培训工作的调查和思考[J].中国市场，32（27）：49～50.

骆世名.2001.农业生态学[M].北京：中国中国农业出版社.

王兆骞.2001.中国生态农业与农业可持续发展[M].北京：北京出版社.

郗晓薇.2015.多维生态产业园的景观规划研究[D].北京林业大学.

杨丽妮.2015.谈农业生态园规划设计[J].山西建筑（36）：14～15.

张晓东，林敏霞，邱美欢，等.2014.借鉴国内外成功模式和经验发展海南休闲农业的启示[J].农学学报，（12）：121～124.

张玉钧.2014.可持续生态旅游得以实现的三个条件[J].旅游学刊，29（4）：1～13.

郑军，史建民，杨晓杰.2010.产业集群：生态农业发展新思路[J].农业现代化研究，27（1）：38～42.

朱立志.2017.循环经济增值机理——基于农业循环经济的探索[J].世界农业（4）：220～225.

致 谢

值本书付梓出版之际，要特别感谢以下给予帮助和支持的领导和专家（排名不分先后）：

石山先生，原国务院农村政策研究中心顾问、原农业部副部长；

郭书田先生，原农业部政策体改法规司司长；

邵曙光女士，华侨茶业发展研究基金会秘书长；

刘金先生，中国科学院植物研究所研究员；

张四维先生，中国科学院植物研究所高级实验师；

刘忠章先生，美国高级园艺师、美国国际执业认证与注册协会副所长；

李正图先生，上海社会科学院经济研究所研究员、博士生导师；

单洪林先生，北京云普瞻霁书画院理事长；

江懋女士，黄山市融资担保集团有限公司总经理；

姚蕾女士，上海交通大学农学院教授、博士生导师；

王文俊先生，中恒三三股份有限公司董事长；

陆健健先生，华东师范大学博士生导师；

唐有为先生，原上海茶叶进出口公司经理；

陶立先生，安徽省科鑫养猪育种有限公司董事长；

王桂和先生，合肥桂和农牧渔发展有限公司总经理；

李雷先生，安徽省立腾同创生物科技股份公司总经理；

薛利先生，安徽多多利农业科技有限公司总经理；

王守红先生，临泉守红现代农业科技公司总经理；

邹海平先生，安徽格义循环经济产业园有限公司董事长；

陈锡萍女士，六安亿牛乳业有限公司总经理；

何许旺先生，宿松县春润食品有限公司董事长；

邓佩刚先生，深圳前海天幕科技有限公司董事长；

赵小弟先生，深圳前海天幕科技有限公司总经理。

本书的出版还要特别感谢中国技术市场协会、中国科学院植物研究所、中国农业科学院、中国人口与发展研究中心、安徽省循环经济研究院、上海交通大学农学院、安徽省农业科学院、安徽省黄山学院等单位及长期以来对多维生态农业关心和支持的朋友们。

作者简介

陈光辉，男，1965年5月出生，生物工程师、副研究员、黄山学院客座教授、安徽省农业科学院客座研究员。现任黄山市多维生物（集团）有限公司董事长、休宁霞溪新林草农民专业合作社理事长、安徽省循环经济研究院副会长、安徽省种苗协会常务理事、安徽省质量技术协会理事、中国华侨茶业基金会理事、中国可持续发展研究会理事、

中国科学技术市场协会理事，先后被评为黄山市"十佳"科技创新带头人、安徽省农民创业带头人、安徽省"十佳"环保人士、安徽省2013年度十大经济人物、安徽省扶贫先进个人、安徽省卓越绩效管理先进个人、全国科普先进个人、全国首批创新创业导师、十二届全国人大代表。

多年来，陈光辉同志刻苦自学多学科知识，向自然学习，探索研究通过多维生物组合技术来实现传统农业向绿色、高质量农业的转型，创造了亩收入达5 000~10 000元甚至以上的多种新型复合式循环农业模式的国家发明专利，把传统单一的农业稻田、果园、茶园、库塘等生产系统转型升级到更高级更平衡的人工生态系统经营，实现了多级能量的转化，然后再通过三产融合开创多功能大循环农业。几十年的实践已经证明，农业老路走不通，不可持续，必须重新走一条新路，走一条好路。要真想把农业搞好，必须围绕解放农村生产力第一要素、新型高质量农业模式制定一系列方针政策，创新政府体制机制。为此，陈光辉同志积极献言献策，向国家多部委提出36项代表建议，撰写并发表了几十篇论文。其中，《探索中国农业发展新思路》一文在第九届科学家论坛上荣获一等奖，《林草经济是山区草原最大的绿色经济》一文在一带一路论坛上荣获一等奖。